ウェブマスター検定 3級
WEBMASTER CERTIFICATE

公式テキスト
ウェブデザイン・開発編

2024・2025年版

一般社団法人 全日本SEO協会 編

C&R研究所

■権利について

● 本書に記述されている社名・製品名などは、一般に各社の商標または登録商標です。

● 本書では™、©、®は割愛しています。

■本書の内容について

● 本書は編者が実際に調査した結果を慎重に検討し、著述・編集しています。ただし、本書の記述内容に関わる運用結果にまつわるあらゆる損害・障害につきましては、責任を負いませんのであらかじめご了承ください。

● 本書は2023年7月現在の情報をもとに記述しています。

● 正誤表の有無については下記URLでご確認ください。

https://www.ajsa.or.jp/kentei/webmaster/3/seigo.html

● 本書の内容についてのお問い合わせについて

この度はC&R研究所の書籍をお買い上げいただきましてありがとうございます。本書の内容に関するお問い合わせは、「書名」「該当するページ番号」「返信先」を必ず明記の上、C&R研究所のホームページ(https://www.c-r.com/)の右上の「お問い合わせ」をクリックし、専用フォームからお送りいただくか、FAXまたは郵送で次の宛先までお送りください。お電話でのお問い合わせや本書の内容とは直接的に関係のない事柄に関するご質問にはお答えできませんので、あらかじめご了承ください。

〒950-3122 新潟県新潟市北区西名目所4083-6　株式会社 C&R研究所　編集部
FAX 025-258-2801
「ウェブマスター検定 公式テキスト 3級 2024・2025年版」サポート係

はじめに

近年、多くの企業がウェブサイトを作成し、売り上げを増やそうとしています。しかし、満足のいく売り上げを達成しているウェブサイトは多くはありません。

その理由は、集客力の高いウェブサイト作成に必要ないくつかの相反する「センス=感覚・感性」を身に付けることが難しいからです。

デザインのセンスだけがある人がウェブサイトを作成しても、商品の魅力を言葉で伝えるのには限界があるでしょう。商品の魅力を伝えるライティング力の高い人がウェブサイトを作成しても、ビジネスのセンスがなければ売り上げは増えないでしょう。ビジネスのセンスがある人がウェブサイトを作成しても、ウェブの技術が何をどこまで可能にするのかを知らなければ空回りするだけではないでしょうか。

つまり、自社サイトをたくさんの訪問者に見てもらい、商品・サービスを申し込んでもらうためにはビジネス、デザイン、コミュニケーション、技術の4つのセンスを持つ必要があるのです。

私たち執筆者がこれまで出会ったウェブ担当者や経営者の中で、ウェブ集客に成功している方々のほとんどが例外なく、これら4つのセンスを持っていました。もちろん、これら4つのセンスを完全に習得することは簡単なことではありません。しかし、完全に習得できなくても最低限それらの意味を知るだけでも十分です。

これら4つのセンスをバランスよく持っていただくために本書では、「ウェブサイト制作の流れ10のステップ」を解説します。

本来であればこれらを身に付けるためには何十冊もの本を読み、スクールにも通う必要があるはずです。しかし、本書の狙いはこの1冊を読むだけで読者の皆さんに実践的な知識が身に付くことを目指しています。

本書が、これから企業のウェブサイトを成功に導く任務を担うウェブ担当者、マネージャー、経営者、そしてウェブ制作に関わるプロフェッショナルたちの一助となることを願っています。

2023年7月

一般社団法人全日本SEO協会

ウェブマスター検定3級　試験概要

⫶ 運営管理者

《出題問題監修委員》　　　東京理科大学工学部情報工学科　教授　古川利博

《出題問題作成委員》　　　一般社団法人全日本SEO協会　代表理事　鈴木将司

《特許・人工知能研究委員》　一般社団法人全日本SEO協会　特別研究員　郡司武

《モバイル技術研究委員》　アロマネット株式会社 代表取締役　中村義和

《構造化データ研究委員》　一般社団法人全日本SEO協会　特別研究員　大谷将大

《システム開発研究委員》　エムディーピー株式会社　代表取締役　和栗実

《DXブランディング研究委員》 DXブランディングデザイナー　春山瑞恵

《法務研究委員》　　　　　吉田泰郎法律事務所　弁護士　吉田泰郎

⫶ 受験資格

学歴、職歴、年齢、国籍等に制限はありません。

⫶ 出題範囲

『ウェブマスター検定 公式テキスト 3級』の第1章から第8章までの全ページ

『ウェブマスター検定 公式テキスト 4級』の第1章から第8章までの全ページ

● 公式テキスト

URL https://www.ajsa.or.jp/kentei/webmaster/3/textbook.html

⫶ 合格基準

得点率80%以上

● 過去の合格率について

URL https://www.ajsa.or.jp/kentei/webmaster/goukakuritu.html

⫶ 出題形式

選択式問題　80問

試験時間　60分

⫶ 試験形態

所定の試験会場での受験となります。

● 試験会場と試験日程についての詳細

URL https://www.ajsa.or.jp/kentei/webmaster/3/schedule.html

▌受験料金

5,000円（税別）/1回（再受験の場合は同一受験料金がかかります）

▌試験日程と試験会場

- 試験会場と試験日程についての詳細

  URL https://www.ajsa.or.jp/kentei/webmaster/3/schedule.html

▌受験票について

受験票の送付はございません。お申し込み番号が受験番号になります。

▌受験者様へのお願い

試験当日、会場受付にてご本人様確認を行います。身分証明書をお持ちください。

▌合否結果発表

合否通知は試験日より14日以内に郵送により発送します。

▌認定証

認定証発行料金無料（発行費用および送料無料）

▌認定ロゴ

合格後はご自由に認定ロゴを名刺や印刷物、ウェブサイトなどに掲載できます。認定ロゴは
ウェブサイトからダウンロード可能です（PDFファイル、イラストレータ形式にてダウンロード）。

▌認定ページの作成と公開

希望者は全日本SEO協会公式サイト内に合格証明ページを作成の上、公開できます（プロ
フィールと写真、またはプロフィールのみ）。

- 実際の合格証明ページ

  URL https://www.zennihon-seo.org/associate/

Contents

第1章◆ウェブサイト制作の流れ

1 ウェブサイトを活用した集客に成功するには … 14

2 ウェブサイト制作の流れ

第2章◆サイトゴールと市場分析

1 【STEP 1】サイトゴールの設定

第6章◆コンテンツ

第7章◆HTMLとCSSのコーディング

第8章◆プログラミング

ウェブサイト制作の流れ

　集客力が高いウェブサイトを作るための第一歩はウェブサイト制作の流れを知ることです。この流れを知ることにより企業のウェブ担当者や経営者がウェブサイト制作を発注する際に、あるいはウェブ制作業務を受注する制作会社の担当者が、いつ何をどうやって用意すればよいのかが明らかになり、ウェブサイト完成までの道筋が見えてきます。

ウェブサイトを活用した集客に成功するには

「ウェブサイトの制作は専門家に任せたい……」という考えは間違ってはいません。しかし、「専門家に任せるので自分はウェブサイトの制作について勉強する必要はない」という考えは間違っています。なぜなら、そうした丸投げの姿勢を持つことは、集客力のあるウェブサイトを持てるかどうかがすべて運任せになってしまうからです。

運良く優秀な専門家に出会うことができればよいですが、それができなかったら集客力のないウェブサイトを持つことになります。また、うまく行った場合でも、なぜそれがうまくいったのかがわからないため再現性がある成功体験を持つことができなく、経営環境が変化したらたちまち集客できないサイトを持つことになります。

そもそもウェブサイトによる集客の成功というのは一時的な現象でしかありません。なぜなら時間が経過するにつれて市場環境が変化するため、それまでのやり方が通用しなくなるからです。顧客の生活習慣の変化、考え方の変化、好みの変化が必ず起きます。そして何よりも競合他社があなたの成功を見て市場に参入するため、競争が激しくなります。

そのため、昨日まではうまく行っていたやり方が突然うまくいかなくなるという苦痛が襲いかかるようになります。

こうした変化に対応するには、ウェブサイトの制作を発注する側が最低限のウェブサイト制作の知識を持つことです。その最初の一歩が、「ウェブサイト制作の流れ」を知ることです。それにより、誰がいつ何を用意しなくてはならないのか、どんな考えを持ってウェブサイトの立ち上げに取り組めばよいのかという歩むべき道筋が見えてきます。

2 ウェブサイト制作の流れ

　ウェブサイトを社内で作るのか、制作会社に外注するのかにかかわらず、ウェブサイトを制作するには次の10のステップを知る必要があります。

【STEP 1】サイトゴールの設定
【STEP 2】市場分析
【STEP 3】ターゲットユーザーの設定
【STEP 4】ペルソナの作成
【STEP 5】サイトマップの作成
【STEP 6】ワイヤーフレームの作成
【STEP 7】デザインカンプの作成
【STEP 8】コンテンツの作成
【STEP 9】HTMLとCSSのコーディング
【STEP 10】プログラミング

●ウェブサイト制作の流れ

2-1 ◆【STEP 1】サイトゴールの設定

　サイトゴールとはウェブサイトを持つことにより達成したい目標のことをいいます。より簡潔にいうと「ウェブサイトの目的」のことです。

　サイトゴールの例としては次のように、漠然としたものから、期限を切って、商材名、数値目標を含める非常に具体的なものまであります。

- 実店舗に来店する顧客数を増やす
- 商品の販売をオンラインで行い、売り上げ増を目指す
- オンラインでの受注を獲得する
- オンラインでの資料請求を獲得する
- 実店舗に来店する顧客数を現在の3倍以上に増やす
- ○○○シリーズの販売をオンラインで行い2年以内に年商20億円を目指す
- オンラインでの名刺デザインサービスの受注を1年以内に毎月平均150件獲得する
- オンラインでの資料請求を1年以内に月平均5000件超を獲得する

　ウェブサイトの制作を始める前のステップとしてサイトゴールを明確に決めることによりプロジェクトに関わる人々が同じ方向を目指して協力し合うことが可能になります。

　サイトゴールの具体的な決め方は第2章で解説します。

●サイトゴールの例

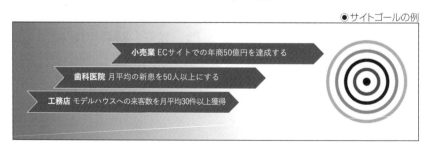

小売業 ECサイトでの年商50億円を達成する

歯科医院 月平均の新患を50人以上にする

工務店 モデルハウスへの来客数を月平均30件以上獲得

2-2 ◆【STEP 2】市場分析

　サイトゴールを設定した後は、実際にそれを達成することができるのかを、自社が置かれている競争環境に照らし合わせて判断する必要があります。自社の強みや置かれている競争環境を無視して、一方的に高い目標を設定しても、実現できなければ意味がありません。実現可能性が高いサイトゴールかどうかを確かめる方法を第2章の後半で解説します。

　最初に、市場規模の分析方法を解説し、想定される顧客が抱えている課題を突き止める方法を考えます。そして、自社の強みと競争環境、外的環境との比較をするために、「SWOT分析」というシンプルな分析方法を解説します。

　市場環境の分析方法を知った後は、最後に競合調査のやり方を学びます。大掛かりで費用がたくさんかかる方法ではなく、中小企業や個人でもできる範囲の効率的な方法です。

●市場分析

2-3 ◆【STEP 3】ターゲットユーザーの設定

　市場環境を知った後は、その市場にいる「ターゲットユーザー」を定める方法を学びます。ターゲットユーザーとは、企業が商品・サービスを売ろうとする特定の購入者層のことです。ウェブサイトに載せるテキストや画像などのコンテンツを作る際に、ターゲットとするユーザーを明確にすると、ユーザーに訴求力の高いコンテンツが作りやすくなります。

第2章では、B2CやB2Bなどのターゲットユーザーの種類による区分、年齢・性別・職業などのユーザー属性と具体的なターゲットユーザーの例を解説します。

◉ターゲットユーザー

2-4 ◆【STEP 4】ペルソナの作成

次に学ぶのはターゲットユーザーをさらに深堀りして、具体的な人物像「ペルソナ」の作成方法です。ペルソナとは、自社の商品・サービスのターゲットユーザーを詳細化して、架空のユーザー像に置き換えた人物像のことをいいます。

ペルソナを設定することにより、ウェブサイトのデザイン・コンテンツの方向性がさらに明確になり、集客効果の高いサイトに近づけることが可能になります。

◉ペルソナ

2-5 ◆【STEP 5】サイトマップの作成

　ターゲットが明確になった後は、サイトにどのようなページが必要なのかを予測して、サイト全体の構成案を決めます。

　サイト全体の構成案をわかりやすい図や表にしたものがサイトマップです。サイトマップにはサイト全体の構成イメージを決めるための「ハイレベルサイトマップ」と、サイト内に置く各ページの仕様を細かく決める「詳細サイトマップ」(ディレクトリマップとも呼ばれます)の2つがあります。

　第4章の前半では、最初にハイレベルサイトマップの作り方を学び、それに基づいた詳細サイトマップの意味と作成方法を学びます。

●サイトマップ

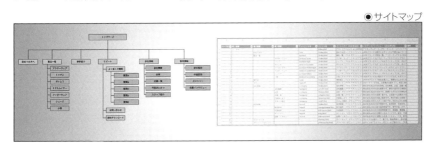

　なお、サイトマップには他にも2つの意味があります。1つ目の意味はサイトマップページのことです。

　サイトマップページとは「HTMLサイトマップ」「ユーザー向けサイトマップ」とも呼ばれるもので、サイト全体にどのようなページがあるかをサイト訪問者に示すリンク集ページという意味です。

　また、SEO(検索エンジン最適化)におけるサイトマップとは「XMLサイトマップ」とも呼ばれるもので、Googleなどの検索エンジンにサイト内にあるウェブページを登録してもらうための各ページのURL情報を記録したXML形式のファイルの意味があります。「XML」とは、文章の見た目や構造を記述するためのマークアップ言語の一種です。主にデータのやり取りや管理を簡単にする目的で使われ、記述形式がわかりやすいという特徴があります。

2-6 ◆【STEP 6】ワイヤーフレームの作成

　サイト全体の構成と1つひとつのページの仕様が決まったら、次のステップは主要なページのデザインのもととなる「ワイヤーフレーム」の作成です。ワイヤーフレームとはウェブページのレイアウトやコンテンツの配置を決めるシンプルな設計図のことです。

　第4章の後半では、実際にウェブページのデザインをする前に主要な要素をページのどこに、どの順番で配置するかを決めるワイヤーフレームの具体的な作成方法を学びます。

●ワイヤーフレーム

2-7 ◆【STEP 7】デザインカンプの作成

　ワイヤーフレームは、抽象的なデザイン構成でしかありません。次のステップはワイヤーフレームをもとにしてページデザインの最終型を決めます。ページデザインの最終型を「デザインカンプ」と呼びます。

　第5章では、デザインカンプを作成する際に重要な考え方となる「UI」と「UX」の意味とそれぞれの違いを解説します。

　UIとは、User Interfaceの略で、ユーザーがウェブサイト内で閲覧、操作する要素のことです。一方、UXとはUser Experienceの略でユーザー体験を意味します。ユーザーがウェブサイトを利用することにより得られる体験と感情のことです。

　この「UI」と「UX」という概念は、ユーザーに好まれるウェブサイトを作る上で知らなくてはならない重要なものです。

その後は、サイトを見やすくして、ユーザーに鮮やかな印象を与える配色やフォントタイプの決め方など、ウェブデザイン独特のテクニカルな重要ポイントを学びます。

最後には、デザインカンプを作成ツールにはどのようなものがあるのか、そしてそこに載せる1つひとつのコンテンツであるテキスト、画像、動画、リンク、表などにはどのような種類があるのか、ユーザーを迷子にしないナビゲーションの設計方法、など、「デザインカンプを作る7つの手順」を多数の実例を用いて解説します。

● デザインカンプ

2-8 ◆ 【STEP 8】 コンテンツの作成

デザインカンプを作成した後、または作成をしている間に、各ページに掲載するコンテンツを作成する必要があります。コンテンツとは情報の中身のことをいいます。

コンテンツの作成には、ウェブデザインと同じか、それ以上の時間がかかります。ウェブサイトの成否はコンテンツの質により決まるといっても過言ではありません。

第6章ではウェブページに載せる主なコンテンツであるテキスト、画像、動画の外部からの調達方法と、社内で制作する場合に必要な作成方法の大枠を解説します。

◉コンテンツの作成

2-9 ◆【STEP 9】HTMLとCSSのコーディング

　デザインカンプとコンテンツが完成したら、実際のウェブページを作成するためのコーディングをします。ウェブページは「HTML」や「CSS」のコーディングをすることにより実体化します。

　コーディングとは、HTMLやCSSなどのマークアップ言語や「JavaScript」や「PHP」などのプログラミング言語を用いてソースコードを書くことをいいます。

　第7章ではHTMLとCSSのコーディングに必要なそれぞれの仕組みの理解と主要な機能の理解を目指します。

◉HTMLとCSSのコーディング

2-10 ◆【STEP 10】プログラミング

　「ウェブ制作の流れ10のステップ」の最終ステップは「プログラミング」という工程です。HTMLはウェブページの基本構造を表現するもので、CSSはそこに装飾性を加えるものです。

　そこにさらに「動き」を与えるものが「クライアントサイドプログラム」と「サーバーサイドプログラム」です。

「クライアントサイドプログラム」とは、パソコンやタブレット、スマートフォンなどのクライアント側、つまりユーザー側のデバイス（情報端末）上で実行されるプログラムです。クリックするとメニューが表示されるポップアップメニューや画像が自動的に切り替わるような軽めのプログラムは、すべてクライアントサイドプログラムが実行します。その中でも最も使用されているものが「JavaScript」です。

　第8章の前半ではJavaScriptの仕組みと、実現できる具体的な「動きの効果」とそれを実現するためのソースコードを検証します。

　そして後半では、クライアントサイドプログラムでは処理しきれない大量のデータ処理に使われる「サーバーサイドプログラム」を解説します。

　「サーバーサイドプログラム」とは、クライアント側のデバイス上ではなく、サーバー上で実行されるコンピュータプログラムのことです。
第8章の後半ではウェブサイトのシステム開発に広く使われている「PHP」というプログラミング言語を用いて、サーバーサイドプログラムを使ってユーザーにどのような体験を提供できるのかを検証します。

●プログラミング

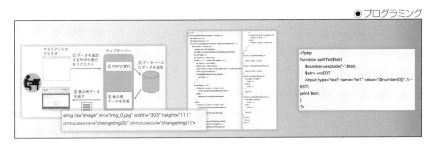

　以上が、「ウェブ制作の流れ10のステップ」の概要です。次章からは、この10のステップを1つずつ詳しく解説します。

第 2 章
サイトゴールと市場分析

　ウェブサイト制作の10のステップの1つ目は、「サイトゴールの設定」です。ウェブサイトを制作する際には最初にサイトゴールを明確にする必要があります。明確なゴールを設定することにより、プロジェクトに関わる人々が同じ方向を目指して協力し合うことが可能になります。
　そして2つ目のステップである「市場分析」では、サイトゴールが達成可能かをチェックして成功の確率を高めます。

【STEP 1】 サイトゴールの設定

まずは最初のステップであるサイトゴールについて解説します。

1-1 ◆ サイトゴールとは

「サイトゴール」とはウェブサイトを持つことにより達成を目指す目標のことをいいます。より簡潔にいうと「ウェブサイトの目的」のことです。

ウェブサイトを制作する際には最初にサイトゴールを明確にする必要があります。明確なサイトゴールを設定し、それをサイト制作に関わるすべての関係者が共有すれば、「それを達成するために作業をする」という意識を関係者全員が持てるようになります。

それにより、各々がサイトゴールを達成するために必要な成果物を作ろうと最初から心がけやすくなります。そのことが、やり直し、作り直しという無駄な時間を削減し、ユーザーに好まれるサイトを期限通りに完成させる確率を高めることになります。

サイトゴールは、「ウェブサイトを作って売り上げを増やす」「○○○をウェブサイトで売る」といった漠然とした目標ではなく、次のように何をどうしたいのかを表現するようにしましょう。

- 実店舗に来店する顧客数を増やす
- 商品の販売をオンラインで行い、売り上げ増を目指す
- オンラインでの受注を獲得する
- オンラインでの資料請求を獲得する

さらには、次のように期限を切って、商材名、数値目標を含める非常に具体的なものまであります。

- 実店舗に来店する顧客数を現在の3倍以上に増やす
- ○○○シリーズの販売をオンラインで行い2年以内に年商20億円を目指す

- オンラインでの名刺デザインサービスの受注を1年以内に毎月平均50件、2年以内に毎月平均150件獲得する
- オンラインでの資料請求を1年以内に月平均100件超を獲得する

1-2 ◆ サイトゴールを設定する理由

サイトゴールを設定する理由は少なくとも次の2つがあります。

1-2-1 ◆ ウェブサイトのデザイン、コンテンツ、システムの方向性は サイトゴールによって決まるから

ウェブサイトをデザインする主な目的はサイト訪問者が探している情報を探しやすくするためのものです。もちろん素晴らしいデザインのサイトを作り企業のイメージアップをするというブランディング上の目的もありますが、ほとんどの企業サイトの目的はブランディングだけではなく、サイトをたくさんの訪問者に見てもらうことにより「売り上げを増やす」ことです。

ブランディングとは、消費者の心の中でブランドを形成することにより、特定の組織、企業、製品またはサービスに意味を与える取り組みです。これは、特定のブランドとそうでないものを明確にすることで、人々が自分のブランドを素早く認識して体験し、競合他社よりも自社の製品を選択する理由を与えるために設計された戦略です（出典：アメリカ・マーケティング協会）。

売り上げを増やすためにはそれを実現するための配慮がされたウェブデザインをする必要があります。

コンテンツにも同じことがいえます。コンテンツは何のために作るのかというと、ユーザーが探している情報を提供するためです。このことをコンテンツ制作者が意識することにより、より高い確率でユーザーが求めるコンテンツを作れる可能性が高まります。

買い物かごや、資料請求フォーム、予約システムなどのシステム開発をするエンジニアも漠然とシステムを開発するのではなく、サイトゴールを達成するためにシステムを開発するという意識を共有してくれやすくなります。

イメージが湧き、それを達成するにはいつまでに何をすればよいのかを考えやすくなります。それにより高い品質のウェブサイトが作られる可能性が増します。

●サイトゴールがない場合とある場合のイメージ

1-2-2 ◆ 効果測定をして改善するため

　サイトゴールを設定するもう1つの理由は、サイトをオープンした後の効果測定をするためです。ほとんどの場合、ウェブサイトを立ち上げた当初は発注者が思ったような成果は上がらないものです。その瞬間からサイトを改善するという無限のプロセスがスタートします。

　しかし、成果が上がったかどうかを判断するにはあらかじめ設定したゴールを基準にして判断しなくてはなりません。ゴールを設定して初めて効果測定が可能になるのです。

　そしてゴールを達成するためにはあといくら売り上げが必要なのか、その売り上げを達成するためにはどのような改善作業が必要なのかが見えてきます。

　直感や勢い、思いつきでサイト制作をスタートするのではなく、面倒でも一度立ち止まってサイトゴールを設定しましょう。サイトを作っても売り上げが思うように増えなければそのプロジェクトは失敗に終わります。失敗すればそこから立ち直るのにさらに多くの資金と労力が必要になります。サイトゴールを設定するのに数時間、数日間かかったとしても、失敗から立ち直るための何百時間、何百万円を節約することができるのです。

1-3 ◆ サイトゴールの業種別の具体例

サイトゴールの業種別の具体例としては次のようなものがあります。

●サイトゴールの業種別の具体例

業種	サイトゴールの具体例
小売業	・ECサイト（通販サイト）での年商50億円を達成する ・実店舗への送客により実店舗の売り上げを今期の2倍にする
製造業	・月平均の資料請求件数を30件以上獲得する ・求人の問い合わせ件数を月平均5件以上獲得する
法律事務所	・電話、またはフォームによる無料相談を月平均150件以上獲得する
経営コンサルタント	・新規の顧問契約を毎月20件以上達成する ・毎回40名以上の無料セミナーの申し込みを獲得する
ウェブ制作会社	・毎月の新規客獲得件数5社を達成する
歯科医院	・月平均の新患を50人以上にする ・毎月4名以上のインプラント治療の患者を獲得する
整体院	・来院する顧客数を現在の5倍以上に増やす
美容院	・月平均の予約件数200件を達成する
飲食店	・公式サイトからの月平均予約件を20件以上達成する
修理業	・月平均のiPhone修理の依頼件数を100件以上達成する ・月平均のiPad修理の依頼件数を20件以上達成する
工務店	・モデルハウスへの来客数を月平均30件以上獲得する ・リフォームの受注件数を月平均5件以上獲得する
不動産会社	・マンションとアパートの問い合わせ件数を毎月50件以上獲得する

これらを参考にして自社にあったサイトゴールを設定してみてください。

【STEP 2】市場分析

サイトゴールを設定した後は、それを達成することが現実的に可能なのかを実際の市場環境に照らし合わせ検討する必要があります。そして十分な実現可能性があればそのサイトゴールを採用し、無理だと判断した場合はその内容を修正するか、まったく別のものに変更するべきです。

そうすることにより、実現する可能性が高いサイトゴールを設定しやすくなり、その後のサイト制作を確信を持って進行させることができるようになります。

2-1 ◆ 市場分析とは

　サイトゴールの実現可能性が高いか低いかを判断するためには、市場分析をする必要があります。市場分析とは、自社が属する業界の動向、顧客ニーズ、市場規模などを調査し、分析することです。分析したデータに基づいて新規事業を始めるか、既存の商品・サービスをどのように改善し販売するかなどを判断します。

　多額の予算を持つ大企業なら、高額な料金を払い、大手のコンサルティング会社や市場調査会社に詳細にわたる市場分析を依頼することが可能でしょう。しかし、そうした予算がない小規模な企業や個人は、自分たちで簡単な分析をするほかありません。簡単な分析は大きな予算をかけた分析に比べればその精度は落ちるかもしれません。

　それでも、無謀な計画を立てて失敗するという最悪の結果を避け、ウェブサイトの成功率を高めることが目指せます。

●ウェブサイト制作のための市場分析のイメージ

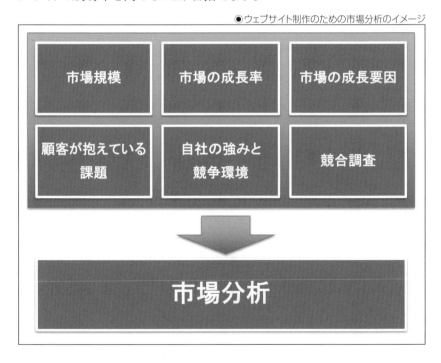

2-2 ◆市場規模

　市場分析に必要な1つ目の情報はサイトで売ろうとする商品またはサービスの「市場規模」のデータです。市場規模とは、その市場の大きさのことで、年間どのくらいの金額の売り上げが市場全体で発生しているか、または発生することが予想されるかというものです。市場規模の総額が少ないよりも多いほうがその市場で商品・サービスが売れる可能性が増します。

　たとえば、2021年の国内のアウトドア用品業界の市場規模は1000億円です（出典：業界動向サーチ）。この金額がどれほど大きいか、その規模感を知るには他の業界の市場規模をいくつか見ることが役立ちます。たとえば、国内の同じ年のメガネ業界の市場規模は2000億円、コンサルティング業界は9000億円、携帯電話業界は12兆7000億円です。

　アウトドア用品業界の市場規模は、メガネ業界の2分の1、コンサルティング業界の9分の1、携帯電話業界の127分の1です。メガネは昔から非常に多くの消費者が購入しており広く使われている商品です。その2分の1くらいのお金を消費者がアウトドア関連の商品やサービスに使っているということが見えてくると大体の規模感覚がつかめるようになります。

●アウトドア用品業界、メガネ業界、コンサルティング業界、携帯電話業界の市場規模

携帯電話業界	12兆7,000億
コンサルティング業界	9,000億
メガネ業界	2,000億
アウトドア用品業界	1,000億

2-3 ◆市場の成長率

　ただし、いくら市場の規模が大きくてもその市場が縮小していたら一時期に商品・サービスが売れるだけのことでしょう。そうしたとしたらその市場には明るい未来はないということになるでしょう。縮小する市場に進出してしまったら投資を回収するのに何年かかるかもわかりませんし、下手をすると回収できないまま終わる可能性すらあります。

アウトドア用品業界の市場成長率は5.8%でグラフを見ると堅調に成長していることがわかります。

●アウトドア市場の推移（出典:業界動向サーチ）

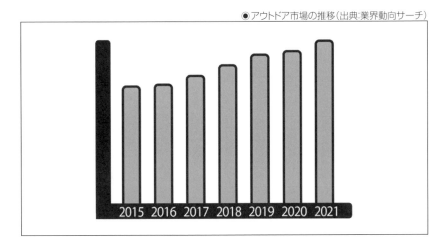

2015　2016　2017　2018　2019　2020　2021

　その市場が成長しつつあるのか、衰退しているのか、横ばいなのかによって、ウェブサイトを制作する価値があるのかを考えます。制作するとしたらどのくらいまでの資金や時間なら投資する価値があるのかを考え、そのサイトを制作するのかどうかを決めるという経営判断が経営者に求められます。
　アウトドア用品業界の場合は、堅調に市場が成長しているので、ウェブサイトを作ってアウトドア商品を販売することは企業の売り上げを増やす可能性を秘めていると判断できるでしょう。

2-4 ◆ 市場の成長要因

　市場の成長率が高いか低いかを知るだけでは正しい経営判断をするのには不十分です。その市場がなぜ成長しているのかという理由も知る必要があります。
　市場が成長していても、その理由が時間が経つにつれて弱まってしまうことや、完全になくなってしまうことがあります。そうなると過去には確かに成長してきたとしても、近い将来成長が止まる可能性があります。止まるだけではなく、急に縮小してしまうこともあり得ます。

アウトドア用品業界の場合は市場分析の専門家によると、「アウトドア需要が高まる背景として、デジタル化の普及により人間本来の欲求に基づく自然回帰の流れが起きていると推測されます。スマホやパソコンなどのデジタルに囲まれた現代において、本能的に自然と触れ合いたいという欲求が高まっているのではないでしょうか。こうした潮流は世界でも同様に見られ、10年前と比べて世界のアウトドアの市場規模は7割、日本は5割増加しています。2021年のアウトドア用品業界は、昨年の上昇を上回るペースで成長しました。コロナによる人混み回避の流れに加えて、経済再開に伴うバーベキューやキャンプ需要の高まりが業績を後押ししています。また、世界的なキャンプ需要の高まりも受け、海外での売り上げも大幅に増加しています。」（出典：業界動向サーチ）という分析がされています。

　つまりアウトドアの市場が成長しているのは、次の理由のためだと分析されています。

- デジタルの普及による自然回帰の流れがあるから
- コロナ禍の影響で人混み回避の流れがあるから

　ということは、デジタル化がほとんど社会全体に行き渡りデジタルの普及の流れが今ほど急ではなくなったとき、あるいは、コロナの問題が収まったときにはアウトドア市場の成長率が鈍化することが考えられるともいえます。

　市場要因を盲信してはなりません。それはあくまで将来変わり得る前提だと認識して、万一変わってしまったときにはどうなるのかも可能な限り想定する必要があります。

2-5 ◆ 顧客が抱えている課題

　市場の規模が大きく、成長率が高ければ誰もが商品・サービスをたくさん売ることができるということはありません。たくさんの商品・サービスを売るには、消費者が現在何に困っているか、その市場の中で何を求めているかを知る必要があります。

そうすることにより、その市場の消費者に実際に買ってもらえる商品・サービスを企画して、提供できる可能性が高まります。消費者が必要としていないものを提供しても、消費者が欲しいと思ってくれなければいくら立派なウェブサイトを制作したとしても売り上げは立ちません。

その市場の消費者がどのような課題を抱えているかを知るには次のような方法があります。

- 市場調査会社に調査を依頼する
- アンケートサイトに登録してアンケート依頼をする
- これまで商品・サービスを購入してくれた顧客にアンケートの依頼をする
- 日々顧客からもらっている電話やメールによる問い合わせ情報を集計して考察する

大きめの予算を持っている企業なら市場調査会社を利用できますが、そうでない企業や個人経営のお店の場合、比較的少ない費用を払うことで消費者にアンケートに答えてもらうサービスを提供するアンケートサイトに登録するという選択肢があります。アンケートサイトにはアンケートに答えるとポイントがもらえるというメリットに魅力を感じる一般消費者が多数登録しています。

また、比較的多数の顧客がすでにいる企業の場合は、顧客にアンケートの依頼をすることや、これまで顧客から寄せられている質問や、悩み相談、苦情などを集計、考察するのもよいでしょう。

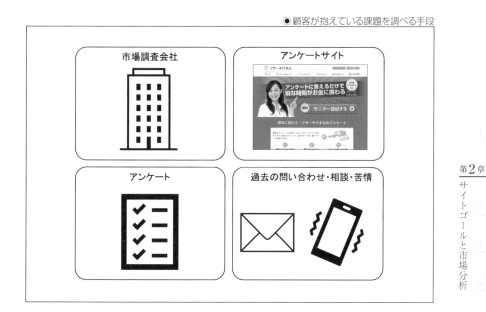

● 顧客が抱えている課題を調べる手段

　大規模な調査をするとお金だけでなく、時間がかかります。そうなるとサイトをオープンする時期が遅くなりチャンスを逃すリスクが生じます。チャンスを逃さないように自社がかけられるお金と時間を見極めて、その範囲でできる調査を実施すべきです。

　そうすることにより、顧客が抱えている課題を把握することが可能になり、その課題を解決するための商品・サービスをサイトで取り扱える可能性が高まります。そしてその人たちに購入してもらうためにはサイト上でどのようなキャッチコピーを書くべきなのか、どのような見せ方をすればよいのかというプレゼンテーションの方向性が見えてくるはずです。

● ウェブサイトの方向性を知るための顧客調査

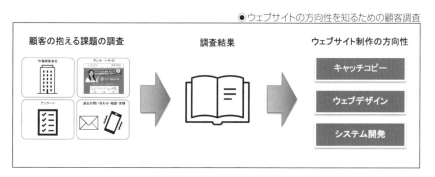

2-6 ◆ 自社の強みと競争環境、外的環境との比較

　顧客のニーズがわかったとしても、それを競合他社と比べて自社がより上手にニーズを満たせるのか、上手でなくても競合他社と同レベルの商品・サービスを提供できるのかを判断する必要があります。

　そしてもしもまったく歯が立たないようならば成功の確率は低くなります。反対に、競合がほとんどいない場合や、明らかに自社のほうが競合他社よりも上手に顧客ニーズに応えることができると確信できた場合は、ウェブサイトを作ればたくさんの売り上げが立つ見込みがあるといえます。

　また、自社を取り囲む経済環境や政治環境、国際環境などの外的環境が不利な場合よりも、有利な場合のほうがウェブサイトの成功率は高まります。

　こうした自社の強みと、競合環境、外的環境を比較検討するフレームワークの1つに「SWOT分析」というものがあります。「フレームワーク」とはビジネスの課題を解消したいときに役立つ思考の枠組みのことです。

　「SWOT分析」とは、企業が戦略を立てるために、自社が置かれている経営環境を外部環境と内部環境をStrength（強み）、Weakness（弱み）、Opportunity（機会）、Threat（脅威）の4つの要素で分析するフレームワークを意味します。

●SWOT分析

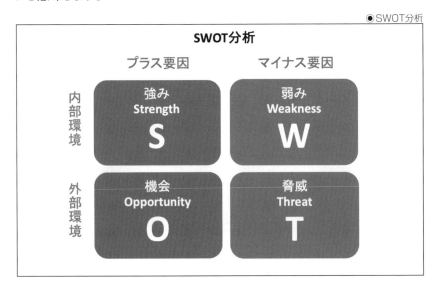

「内部環境」とは自社の努力で変えられる要素のことで、「外部環境」とは自社ではコントロールできない要素のことです。

たとえば、技術力の高さは内部環境であり、企業の強みなので、「Strength（強み）」に分類します。また、たくさんの材料を海外から輸入して製品を製造する企業にとっては円安になると製造費用が増えてしまい利益が圧迫されます。円安になるか円高になるかは一企業の力が及ぶことではないので外部環境です。そして、円安は材料を海外から輸入して製品を製造する企業にとっては悪い影響を及ぼすので、Threat（脅威）に分類します。

たとえば、自社がアパレルメーカーであり、これまでTシャツ、トレーナー、ポロシャツ、ジャケットを製造・販売していたとします。そして1年前に試しにアウトドア向けのジャケットを初めて製造・販売したところ、百貨店やショッピングモールで初期ロットを売り切ることができたとします。それによりアウトドア商品の販売に手応えを感じることができたとします。よい手応えを感じた経営陣がアウトドア向けのTシャツ、トレーナー、ポロシャツも製造し、ウェブサイトを新たに制作してウェブで販売しようと考え始めた場合はどうでしょうか。

このことをSWOT分析というフレームワークに当てはめたとすると、次のようなものになります。

●アウトドア市場に進出する企業のSWOT分析例

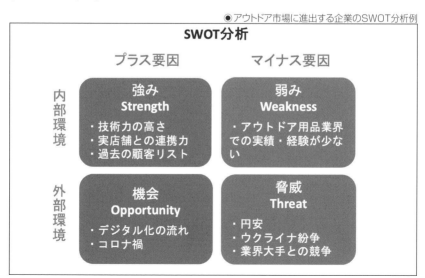

こうして内部環境と外部環境の要素をまとめて眺めてみると、事前に設定したサイトゴールを達成する可能性が高そうかを冷静に判断しやすくなります。

そして可能性が高いとは思えない場合は、サイトを制作する前にサイトゴールを変更するか、それができない場合は一度サイト制作を中止すべきです。そしてSWOT分析をしても実現可能性が高いと判断できるサイトゴールを設定するべきです。

2-7 ◆ 競合調査

市場分析の項目の最後は、競合調査です。どんなに市場が大きく、成長していても、そしてどんなに自社の強みがあり、社会環境が好ましいとしても、そのことは多くの場合競合企業も知っており、すでに何らかのアクションを起こしている可能性が高いものです。

ウェブサイトを作り、ウェブ市場に参入しても、強大な競合企業がすでに顧客から圧倒的な支持を得ているなら勝算は低くなります。

大きな失敗を事前に避けるためには最低限の競合調査を短期間に実施する必要があります。何度もいうように大きな予算と無限の時間があれば詳しい調査は可能です。しかし、そうした経営資源がない中小企業や個人事業主にとっては、このプロセスばかりに時間とお金を取られていたらせっかく見つけたチャンスを逃すことになります。

大きな予算をかけず、短期間で実施できる競合調査をするには次のような方法があります。

- 競合調査会社に依頼する
- 業界動向データを発表しているサイトを見る
- 紙媒体の業界新聞・業界誌・経済誌を読む
- 競合サイトの構成、売れていそうな商品・サービス、商品レビューを観察する
- 競合調査ツールを利用する

外注する余裕がある企業は競合調査会社に依頼して深く広い調査が実施できます。

　それだけの予算と時間がない場合は、サイト上で業界動向を無料で公表している「業界動向サーチ」のようなサイトを見ると便利です。それらのサイトにはその業界の主要企業の売り上げと市場シェアのランキングなどの情報がまとめられています。

　また、従来から信頼性が高い業界情報を掲載している業界新聞、業界誌、経済新聞、経済雑誌などを見ると、その業界でどのような企業がどのような取り組みをして業績を伸ばしているのかや、何をしたことにより失敗したのかという記事を読むことができます。

　競合他社がすでにウェブ上で商品・サービスを販売している場合は、競合サイトの中にどのようなページがあるかというサイトの構成を観察し、どんな商品・サービスが売れていそうなのか、実際に利用した顧客の感想が見られる商品レビューを観察するなどの方法があります。

　商品レビューは数だけでなく、そこにどのようなプラス面、マイナス面の指摘があるかという質の面にも注目すべきです。

　さらに、競合サイトのアクセス状況を推測できる競合調査ツールを使えば、競合サイトの月間アクセス数の推移や、どのページが人気ページなのか、どんなSNSを活用してアクセス数を増やしているのか、検索エンジンでどんなキーワードで検索したユーザーがサイトを訪問したのかという流入キーワードまでをも知ることが可能です。

　これらの情報を知ることにより、制作するサイトにはどのようなページを作成すればよいか、どの企業のどんなSNSの投稿内容を参考にすればよいのか、そしてどんなキーワードで検索エンジンで上位表示を目指すページを作るべきかが見えてきます（競合調査ツールの活用法については『ウェブマスター検定 公式テキスト 2級』で詳しく解説します）。

● 競合調査ツール「Ubersuggest」で調査したウェブサイトの調査結果例

2-8 ◆ 調査結果が自社にとって不利でも成功することがある

　市場の規模、成長率、成長要因、顧客が抱えている課題、自社の強み
と競争環境・外的環境との比較、競合調査という6つの方法で市場分析
をした結果、自社にとって多くの点でかなりネガティブな結果が出た場合で
も、サイトゴールを必ずしも変更しなくてはならないということはありません。

　歴史が古い業界や成熟産業などは市場が縮小しています。しかしそうし
た業界においても一部の企業は成長を遂げている事例があります。たとえ
ば、ガソリンスタンド業界は市場が縮小していますが、セルフサービス化して
売り上げを伸ばしている企業があります。アパレル産業も縮小していますが、
ZOZOTOWNを運営しているZOZOの2022年3月期連結業績は、売り上
げが前期比12.8%増の1661億9900万円で純利益も11.5%増となる344億
9200万円を稼いでいます。

これらの企業はその業界の古いやり方を見直して、顧客が抱える課題を分析して課題を解決するサービスを提供することにより成長を遂げています。

　市場分析は非常に重要ですが、その結果がすべてではありません。どんなにネガティブな結果だったとしても、商品やサービスに改善の余地があり、そこを自社が改善できる自信がある場合は成功することも十分あり得ます。市場の分析結果は一つの参考情報として認識するようにしましょう。

第 3 章
ターゲットユーザーとペルソナ

　サイトゴールを定め、市場分析をした結果、特に大きな問題はなかったら、次はその市場のどのような顧客層に見てもらうためにウェブサイトを作るのかを決めます。このことを「ターゲットユーザーを決める」といいます。
　そしてターゲットユーザーを決めたら想定する顧客のイメージをさらに明確にするために「ペルソナ」を設定します。

【STEP 3】ターゲットユーザーの設定

ここでは、なぜ、ターゲットユーザーを設定するのかや、設定方法について解説します。

1-1 ◆ ターゲットを決める重要性

ウェブサイトを作って商品・サービスを販売するにはあらかじめ、ターゲットを明確にしておくことが重要です。

ターゲットとは、「標的」を意味する英語で、企業がマーケティング（価値ある商品・サービスを提供するための活動・仕組み）する対象となる特定の購入者層や、広告の対象とする特定の層の人々のことをいいます。

ターゲットを明確にしないとユーザーが期待する情報とサイトで提供されている情報にズレが生じてしまい商品・サービスのよさがユーザーに伝わらずウェブサイトでの売り上げが思ったように増えなくなる恐れがあります。

ターゲットを明確にすることにより、ウェブサイトのデザインの方向性、文章の書き方、掲載する画像の雰囲気などに統一性が生まれ、ユーザーへの訴求力が高まります。

反対に、ターゲットが明確になっていないと、たとえばデザイナーはターゲットが主婦だと勝手に思って主婦が好きそうな雰囲気のデザインを作成し、ライターは20代から30代の男性を想定した文章を書くなど、ウェブサイトを構成する要素がちぐはぐになってしまい誰にとってもピンとこない印象のウェブサイトになるリスクが高まります。

1-2 ◆ 対象とするユーザーの種類による区分

ターゲットを決めるときに、最も大雑把な決め方として取引相手の種類によって区分する呼び方があります。

1-2-1 ◆ 消費者向け：B2C

　対象とするユーザーが個人の場合は、B2Cと呼ばれます。B2Cとは
Business to Consumerの略で、企業と一般消費者の間の取引を表します。アパレル販売のZOZOTOWNや、繁華街にあるエステサロンや整体院などは基本的に消費者向けの商品・サービスを提供しているので、消費者向け＝B2Cに分類されます。

1-2-2 ◆ 企業向け：B2B

　対象とするユーザーが企業や団体、協会などの法人の場合は、B2Bと呼ばれます。B2BとはBusiness to Businessの略で、企業と企業の間の取引という意味で企業間取引を表します。

　工務店向けに住宅設備を販売する住宅設備メーカーや、事務所で使う複合コピー機を提供するコピー機リース会社、事業者向けにウェブサイトを制作するウェブ制作会社などは法人向け＝B2Bに分類されます。

1-2-3 ◆ 政府・自治体向け：B2G

　対象とするユーザーが政府機関や、地方自治体の場合は、企業対政府となるため、Business to Governmentで政府向け＝B2Gになります。

1-2-4 ◆ 社員向け：B2E

　顧客に商品・サービスを販売するのではなく、社員の福利厚生や社内教育、社員間のコミュニケーションのためのサイトを作る場合は、Business to Employeeの略で企業対従業員のやり取りになりB2Eになります。

1-2-5 ◆ メーカーから消費者への直販：D2C

　D2Cとは近年、提唱されている比較的新しい概念です。D2CはDirect to Consumerの略で、メーカーが卸業者や小売業者を通さずに、自社のECサイトを通じて製品を顧客に直接販売することを指します。

ウェブ業界全般では、日常的にB2C、B2Bという言葉が交わされています。しかし、ウェブサイトのターゲットを単に「消費者」と設定するか、「企業」と設定するかというのではあまりにも大雑把で具体性がありません。有効なターゲットを設定するには、具体的なユーザー像を設定する必要があります。

1-3 ◆ ターゲットユーザーとは

　具体的なユーザー像の設定方法としてあるのが、「ターゲットユーザー」の設定です。ターゲットユーザーとは、ウェブサイトが対象とするユーザーの属性のことをいいます。属性とは、特徴・性質・特質・特性のことで、英語ではアトリビュート、プロパティと呼ばれます。

　ユーザーの属性には、消費者向けの商品・サービスの販売においては年齢、職種、収入、関心事、居住地域などがあります。一方、法人向けの商品・サービスの販売においては、法人の業種、規模、所在地域などがあります。

1-4 ◆ ターゲットユーザーの属性

　B2C（消費者向け）の場合とB2B（企業向け）の場合でターゲットユーザーの属性を考えてみましょう。

1-4-1 ◆ B2C（消費者向け）の場合

　B2C（個人向けの商品・サービスの販売）においては、次のユーザー属性を設定することが一般的です。

- 年齢
- 性別
- 職業
- 居住地域

①年齢

　ある程度の年齢層を定めることは重要です。なぜなら年齢層によってウェブサイトに求めるデザインや雰囲気、文字の読みやすさが異なるからです。

●年齢属性の種類と留意すべき点

種別	細かい種別と留意すべき点
子供	・漢字の多用を避け、使うときはふりがなを付ける ・興味をそそるキャラクターを使った画像を増やす
学生	・幼稚園生、小学生、中学生、高校生、大学・専門学校生 ・大人視点ではなく、学生視点のライティングを心がける ・カタカナ言葉を多用しない ・技術用語を多用しない。使用するときはすぐ下に言葉の説明をする
大人	・20代、30代、40代、50代、60代 ・20代前半、20代後半から30代前半、30代後半から40代前半、40代後半から50代前半、50代後半から60代前半、60代後半から70代以上など
シニア	・60代、60代以上、70代、70代以上、80代、80代以上など ・フォントサイズは大きめで、フォントカラーは濃い目にする ・カタカナ言葉を多用しない ・技術用語を多用しない。使用するときはすぐ下に言葉の説明をする

②性別

　性別を設定することより、サイトのデザイン（色、フォントタイプ、角丸の画像）や、使用する画像の内容（写真の中のモデルのタイプやイラストのキャラクターの性別や雰囲気など）が変わります。

③職業

　職業は、会社員、自営業、公務員、学生、主婦、無職というように人が何の仕事をしているかというものです。特定の職業の個人を対象にした商品・サービスを売る際には職業の設定が必要になります。

④居住地域

　居住地域には広いものとして都道府県や、複数の都道府県からなる地方区分（関東地方、関西地方など）、狭いものだと市町村区、複数の市町村区、駅などがあります。

居住地域の例は次の通りです。

- 東京都
- 東京都、神奈川県、千葉県、埼玉県（首都圏）
- 港区、渋谷区、中央区
- 浜松市
- 自由が丘駅

1-4-2 ◆ B2B（企業向け）の場合

B2B（企業、法人向けの商品・サービスの販売）においては次のような法人のユーザー属性を設定することが一般的です。

- 業種
- 規模
- 所在地域

①業種

製造業、建設業、コンサルティング業、デザイン業、医療機関、学校などがあります。

②規模

上場企業、多国籍企業、中小企業、個人企業、個人事業主などがあります。

③所在地域

個人の場合と同様に事業所がある市町村区、複数の市町村区、駅などの他、国やその国の州などのエリアがあります。

1-5 ◆ ターゲットユーザーの例

　使用するターゲットユーザーの属性を決めた後は、それぞれの属性を含めたターゲットユーザーを定義します。

　たとえば、B2C（個人向け）サイトのターゲットユーザーの例は次の通りです。

- 首都圏在住の20代女性会社員
- 全国の50代から60代の主婦層
- 10代から20代の東海地方の男子学生
- 東京都内在住の30代男性
- 九州地方在住の30代から40代の女性
- 浜松市と周辺地域在住の男性社員

　B2B（企業向け）サイトのターゲットユーザーの例は次の通りです。

- 東北地方の中小企業
- 大阪市とその近隣市町村区にある学校
- 首都圏に事業所がある上場企業
- 全国にある中小規模の製造業
- 横浜市内の医療機関
- 宮城県内の建設業

　ターゲットユーザーの設定数は1つのサイトにつき1つである必要はありません。ウェブサイト上で販売する商品・サービスが複数ある場合は特に1つにすることは困難です。しかし、ターゲットユーザーの設定数を多くし過ぎると結局はターゲットがぼやけてしまいますので極力少なめに設定することがコツです。

2 【STEP 4】ペルソナの作成

　前節のようにターゲットユーザーを設定することにより、ウェブサイト制作の方向性が明らかになりますが、近年ではさらにターゲットユーザーを深堀りした「ペルソナ」を設定することが一般的です。

2-1 ◆ ペルソナとは

　ペルソナとは、自社の商品・サービスのターゲットユーザーを詳細化して、架空のユーザー像に置き換えた人物像のことです。ターゲットユーザーは、「首都圏在住の20代女性会社員」というように実際に存在する人々の特徴ですが、ペルソナは架空の人物像です。

　ペルソナは架空の人物像ですが、適当に設定すると説得力のない人物像になってしまうことがあります。説得力のあるペルソナを設定するには極力、実際にユーザーになりそうな人にインタビューをするか、アンケートに答えてもらう情報収集をすることがベストです。それができない場合は、実際にユーザーになりそうな人を知っている人にその人物の属性を聞き出しそれらを参考にして作成すると現実的なものになります。

　たとえば、B2Cサイトのターゲットユーザーとして設定した「首都圏在住の20代女性会社員」のペルソナを考えると、次のような例になります。

●B2Cサイトのペルソナの例

佐藤恭子さん		
①年齢	26歳	
②性別	女性	
③職業	会社員	
④居住地域	東京都練馬区	
⑤職種	事務職	
⑥地位	一般社員	
⑦収入	年収320万円	
⑧関心事	・痩せて美しくなりたい ・山登りに興味がある	
⑨国籍・民族	日本国・日本人	

ペルソナの設定は、B2C（消費者向け）、D2C（メーカーから消費者への直販）、B2E（社員向け）のように個人を対象にしたウェブサイトを制作する際に設定します。

　また、B2B（企業向け）、B2G（政府・自治体向け）のような法人を対象にする場合は、それらの組織での購買担当者や経営者のペルソナを設定することが一般的です。

　たとえば、B2Bサイトのターゲットユーザーとして設定した「全国の中小規模の製造業」のペルソナを考えると、次のような例になります。

●B2Bサイトの経営者のペルソナの例

工藤健一さん	
①年齢	53歳
②性別	男性
③職業	自営業
④居住地域	埼玉県さいたま市
⑤職種	経営者
⑥地位	代表取締役
⑦収入	年収1800万円
⑧関心事	・子供を医者にしたい ・家族と山でキャンプがしたい
⑨国籍・民族	日本国・日本人

2-2 ◆ ペルソナに含める属性

　ペルソナはターゲットユーザーをさらに深堀りしたものです。B2Cのサイトのターゲットユーザーを設定する際には次のユーザー属性を用います。

- 年齢
- 性別
- 職業
- 居住地域

ペルソナではこの他に下記を設定することが一般的です。

- 職種
- 地位
- 収入
- 関心事
- 国籍・民族

2-2-1 ◆ 職種

　職種とは、仕事内容のことで、事務職、営業職、コンサルタント、モデル、俳優、音楽家、医師、看護師、助産師、保健師、建築士、プログラマー、デザイナー、弁護士、社会保険労務士、職人、編集者などがあります。

　職種を設定することにより、想定される読者層を対象にしたライティングがしやすくなります。

2-2-2 ◆ 地位

　地位には役職、職位、肩書などがあります。

　役職・職位には、一般社員、主任、係長、課長、次長、部長、本部長（事業部長）、常務取締役、専務取締役、代表取締役社長、CEO、会長、相談役、社外取締役などがあります。

　肩書には、カウンセラー、コンサルタント、コーディネーター、アドバイザー、○○専門家、○○収集家など自由に名乗ることができるものがあります。

2-2-3 ◆ 収入

　年収300万円以上、平均給与月30〜40万円、富裕層などの分類方法があります。

　サイト上で販売、または案内をする商品・サービスの価格帯が高ければ高いほど、より高い収入を得ている層をターゲットにします。

2-2-4 ◆ 関心事

関心事とはやりたいこと、なりたいもの、ライフスタイルなどがあります。サイト上で販売、または案内をする商品・サービスの特徴を好む個人が持つ関心事を想定することにより精度の高いデザイン戦略、コンテンツ戦略や、サイトオープン後のプロモーション戦略を立てることが可能になります。

関心事の例は次の通りです。

- シンプルな生活がしたい
- 週末はゆっくりと過ごしたい
- 週末は趣味のイラストを描きたい
- アウトドアスポーツを楽しみたい
- 痩せて美しくなりたい
- 家族とたくさん交流したい
- 子供を医者にしたい
- プログラミングを覚えて副業にしたい
- 自分と性格が合う男性と結婚したい
- 温泉旅行をしたい
- 公務員と結婚したい
- 海外留学したい
- インテリアコーディネーターになりたい
- 仕事に追われずに自分のペースで仕事をしたい

2-2-5 ◆ 国籍・民族

国内の市場で特定の国籍、民族を対象に事業を運営している場合や、海外市場を狙い特定の国で商品・サービスを提供する場合は、対象となるユーザーの国籍や民族、習慣などを考慮に入れて、ウェブサイトで使う言語、デザイン、言葉遣いなどを決めます。

国籍・民族の例は次の通りです。

- 日本人
- 米国人
- 中国人
- 韓国人
- インド人
- ドイツ人
- ユダヤ人
- アラブ人

2-2-6 ◆ その他の属性

ペルソナを設定する際には、これらの属性の他にも次のような非常に細かい特徴を含める場合もあります。

- 架空の氏名
- 家族構成
- 配偶者の有無
- 最終学歴
- 通勤時間
- 持ち家か賃貸
- 趣味
- 夢
- よく利用するSNS
- 情報収集に使う端末
- 悩み
- 1日のスケジュール

ペルソナもターゲットユーザー同様に1つである必要ではないので、複数設定できます。サイト上で販売する商品・サービスの種類ごとに設定しても構いません。しかし、数が多すぎると方向性がぼやけてしまうので必要最低限の数を設定しましょう。

これまで説明して来たように、ウェブサイトの制作作業に入る前には、B2Cか、B2Bかを決め、さらにターゲットユーザーとペルソナを設定することにより、制作チームがウェブ制作の方向性について共通の認識を持つようになります。それによりユーザーに対してわかりやすく、訴求力のあるウェブサイトを制作できる確率が高まります。

第 4 章

サイトマップと
ワイヤーフレーム

ターゲットユーザーとペルソナを設定したら、設定されたターゲットユーザーに見せるウェブサイト全体の構成を決めます。

ウェブサイト全体の構成は「サイトマップ」という図表を作成し表現します。そして次に「ワイヤーフレームと」いう各ページの簡単なレイアウト案を作成します。

この2つのステップを踏むことによりウェブサイトの原型が誕生します。

【STEP 5】 サイトマップの作成

ウェブサイトの実際の制作作業をする前にウェブサイト全体の構成を決める必要があります。ウェブサイト全体の構成は、「サイトマップ」という図表を作成して決めます。

サイトマップには「ハイレベルサイトマップ」と「詳細サイトマップ」という2種類があります。

1-1 ◆ ハイレベルサイトマップ

「ハイレベルサイトマップ」とは、サイト構造の全体的なイメージを関係者が共有するための図のことを意味します。

ウェブサイトの企画段階でのイメージ図であるため、全ページを網羅するのではなく、主要なページをリストアップして、ツリー型の図で表現するものです。

主要なページには次のようなものがあります。

- トップページ
- 初めての方へ
- 製品一覧
- 7つの製品紹介ページ
- 事例紹介
- サポート
- よくいただくご質問の目次ページ
- 5つの質問ページ
- 会社情報
- 会社概要
- 沿革
- 店舗一覧
- 代表挨拶
- スタッフ紹介

- 採用情報
- 新卒採用
- 中途採用
- エントリー
- 先輩インタビュー

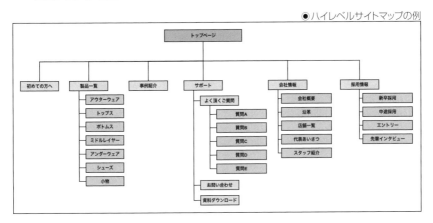

　ハイレベルサイトマップを作るには、そのサイトでどのようなページが必要なのかをリストアップします。そしてトップページを頂点にして、その下に主要なページを配置し、さらにその下に主要なページに関する詳細ページを配置したツリー型の図をPowerPointや、作図ソフトで作成します。

●「PowerPoint」でハイレベルサイトマップを作成している例

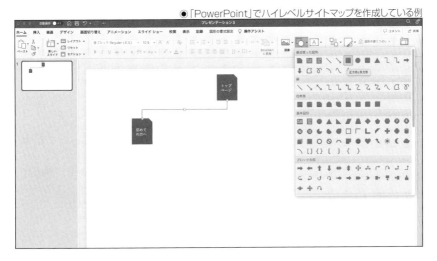

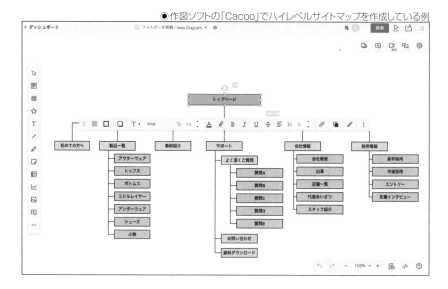

1-2 ◆ 詳細サイトマップ

　「詳細サイトマップ」は、ディレクトリマップ、サイト設計書とも呼ばれるもので、ハイレベルサイトマップで描いたサイトの全体像に基づいて全ページを網羅し、1つひとつのウェブページの仕様を決めるものです。

●詳細サイトマップの例

ページID	第1階層	第2階層	第3階層	ディレクトリ名	ファイル名	タイトルタグ（31文字以内）	メタディスクリプション（120文字以内）	備考
1	トップページ			/	index.html	アウトドアファッションのJACK	アウトドア・ウェア・トップス・ボトムス・ミドルレイヤー	
2		初めての方へ		/info	/index.html	初めての方へ｜アウトドアファッ…	JACKブランドの紹介と当サイトのご利用方法について。	
3		製品一覧		/product	/index.html	製品一覧｜アウトドアファッション	JACKブランドの製品一覧。アウトドア・ウェアから小物まで	
4			アウターウェア	/product/outer	/index.html	アウターウェア｜アウトドアファッ…	JACKブランドのアウターウェアのラインナップです。その…	
5			トップス	/product/tops	/index.html	トップス｜アウトドアファッション…	JACKブランドのトップスのラインナップです。その…	
6			ボトムス	/product/bottoms	/index.html	ボトムス｜アウトドアファッション…	JACKブランドのボトムスのラインナップです。その…	
7			ミドルレイヤー	/product/middlelayer	/index.html	ミドルレイヤー｜アウトドアファッ…	JACKブランドのミドルレイヤーのラインナップです。	
8			アンダーウェア	/product/underwear	/index.html	アンダーウェア｜アウトドアファッ…	JACKブランドのアンダーウェアのラインナップです。	
9			シューズ	/product/shoes	/index.html	シューズ｜アウトドアファッション…	JACKブランドのシューズのラインナップです。その…	
10			小物	/product/accessory	/index.html	小物｜アウトドアファッション…	JACKブランドの小物のラインナップです。その…	
11		事例紹介		/case	/index.html	事例紹介｜アウトドアファッション	JACKのアウトドア商品を導入し、業績を向上させたお…	
12		サポート		/support	/index.html	サポート｜アウトドアファッション…	サポートページでは、お客様のお困りごと、商品に関…	
13		会社情報		/company	/index.html	会社情報｜アウトドアファッション	株式会社JACKの会社概要。会社概要、沿革、店舗一覧…	
14			会社概要	/company	/profile.html	会社概要｜アウトドアファッション	株式会社JACKの会社概要です。弊社の基本的な情報…	
15			沿革	/company	/history.html	沿革｜アウトドアファッション…	株式会社JACKの沿革です。創業から今日までの弊社の…	
16			店舗一覧	/company	/shoplist.html	店舗一覧｜アウトドアファッション…	株式会社JACKの店舗一覧です。北海道から沖縄まで…	
17			代表あいさつ	/company	/greeting.html	代表あいさつ｜アウトドアファッ…	株式会社JACKの代表ご挨拶です。弊社代表から皆様へ…	
18			スタッフ紹介	/company	/staff.html	スタッフ紹介｜アウトドアファッ…	株式会社JACKのスタッフ紹介です。本社ならびに各店…	
19		採用情報		/recruit	/index.html	採用情報｜アウトドアファッション	株式会社JACKの採用情報です。新卒採用、中途採用、…	
20			新卒採用	/recruit	/new-graduate.html	新卒採用｜アウトドアファッション…	株式会社JACKの新卒採用情報です。専門学校、大学…	
21			中途採用	/recruit	/mid-career.html	中途採用｜アウトドアファッション…	株式会社JACKの中途採用情報です。営業職、事務職、…	
22			エントリー	/recruit		エントリー｜アウトドアファッ…	株式会社JACKの…	

　詳細サイトマップは、Excelなどの表計算ソフトを使い、左側から順番にページ番号、第一階層のページ名、第二階層のページ名、第三階層のページ名を記載します。そしてその次にウェブページを格納するディレクトリ名、ウェブページのファイル名などを記載します。

1-3 ◆ ウェブページの目的と種類

　ハイレベルサイトマップ、詳細サイトマップには目的に応じてウェブサイトに必要なページを選んで記載します（各ページの詳しい意味は『ウェブマスター検定　公式テキスト 4級』の第4章で解説しています）。

● ウェブサイトに必要なページ

《サイトに関するページ》	
●サイト内にどのようなページがあるかを示す	トップページ
	サイトマップ
●サイトの利用方法を説明する	初めての方へ
	ご利用案内
	プライバシーポリシー
	サイト利用規約
	アクセシビリティ
	リンクポリシー
●個人向け・法人向けに分けて情報提供する	個人向けページ
	法人向けページ
《企業に関するページ》	
●企業の最新動向を伝える	新着情報
	プレスリリース
●企業の事業内容を知ってもらう	事業案内ページ
●企業の信頼性を高める	会社概要・店舗情報・運営者情報
	経営理念
	沿革
	物語
	組織図
	代表ご挨拶
	スタッフ紹介
	当社の特徴・選ばれる理由
	約束、誓い
	事例紹介
	メディア実績・講演実績、寄稿実績
	受賞歴・取得認証一覧
	ブランドプロミス
	社会貢献活動
	サステナビリティ
《実店舗に関するページ》	
●実店舗の来店者数を増やす	アクセスマップ
	店舗紹介
	施設紹介
	店舗一覧
	営業拠点紹介
	生産拠点紹介
	フロアガイド

《商品・サービスに関するページ》	
●商品・サービスの紹介をする	商品案内ページ
	サービス案内ページ
●商品・サービスをサイト上で販売する	商品販売ページ
	サービス販売ページ
	買い物かご
●商品・サービスの料金・費用を伝える	料金表
	費用
●取引条件を提示する	特定商取引法に基づく表記
●サービス提供の流れを説明する	サービスの流れ
●商品・サービスの信用を高める	お客様の声
	お客様インタビュー
●顧客の疑問を解消する	FAQ
	Q&A
	サポートページ
	ヘルプページ
	商品活用ガイドページ
●ネット広告経由の訪問者だけにページを見せたい	広告専用ページ（広告用LP）
《サイトのアクセス数を増やす施策》	
●無料で役立つコンテンツを提供する	コラム記事ページ
	基礎知識解説ページ
	用語集ページ
	メールマガジン紹介ページ
	メールマガジンバックナンバーページ
	リンク集
●コンテンツの信頼性を高める	著者プロフィール
《サイトのリピーターを増やすためのページ》	
●サイトのリピーターを増やす	ユーザーログイン
	マイページ
《サイト訪問者からの反響を増やすためのページ》	
●サイト訪問者からの反響を増やす	フォーム
《求人の応募件数を増やすためのページ》	
●採用活動に力を入れる	求人案内
《その他訪問者に対応するためのページ》	
●取引先に情報を伝える	取引先向けページ
●投資家に財務状況・経営戦略を伝える	IR情報ページ
●外国人に見てもらう	多言語対応ページ

　このようにサイト全体のイメージをハイレベルサイトマップという形にし、それを詳細サイトマップという具体的な仕様に落とし込み、サイトゴールを達成するためのウェブサイトの青写真を描いていきます。

2 【STEP 6】 ワイヤーフレームの作成

詳細サイトマップが完成したら、そこに記載した1つひとつのウェブページのレイアウト案を「ワイヤーフレーム」という形にして作成します。

2-1 ◆ ワイヤーフレームとは

ワイヤーフレームとはウェブページのレイアウトやコンテンツの配置を決めるシンプルな設計図のことです。実際にウェブページのデザインをする前に主要な要素をページのどこに、どの順番で配置するかを決めるものです。

ワイヤーフレームを作る理由は次の通りです。

- 発注者の意図を確認し、その意図を制作チームで共有する
- ユーザーが探している情報を見つけやすいページを設計し、サイトゴールを達成しやすくする

● PowerPointで作ったワイヤーフレームの例

2-2 ◆ ワイヤーフレームを作るツール

ワイヤーフレームを作るツールとしては、PowerPoint、Excel、Adobe Photoshop、Figmaのようなインストール型のものや、オンライン上で使う作画ツールのCacoo、Prottなどがあります（Figmaはオンライン上でも利用できます）。

●Prottでワイヤーフレームを作成している例

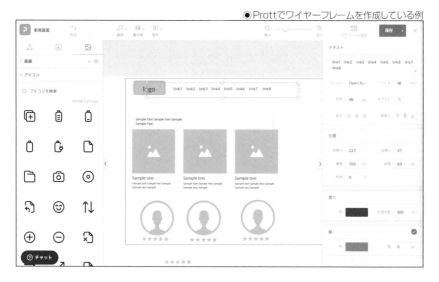

2-3 ◆ ワイヤーフレーム作成の手順

効果的なワイヤーフレームを作るには、次の手順を踏みます。
❶サイトゴールを確認する
❷ターゲットユーザーとペルソナを確認する
❸必要な情報要素をリストアップする
❹レイアウトを決める

それぞれ以降で解説します。

2-3-1 ◆ サイトゴールを確認する

　たとえば、サイトゴールが「オンラインでの資料請求を獲得する」だったら、ワイヤーフレーム作成時にページ内の目立つところに「資料請求をする」というリンクを設置することを意識します。

◉ 資料請求を獲得するゴールをワイヤーフレームの例

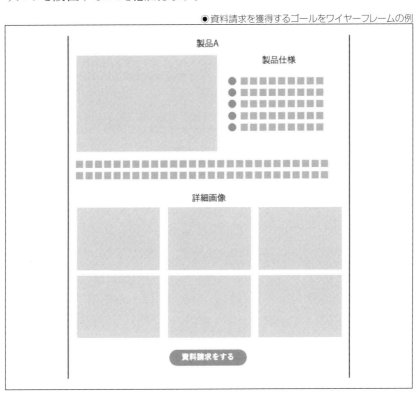

　また、「実店舗に来店する顧客数を増やす」というサイトゴールが設定されている場合は、「店舗一覧」というリンクをユーザーの目に入りやすい位置に配置することがサイトゴールの達成に貢献することになります。

●実店舗への来店者数を増やすというゴールのワイヤーフレームの例

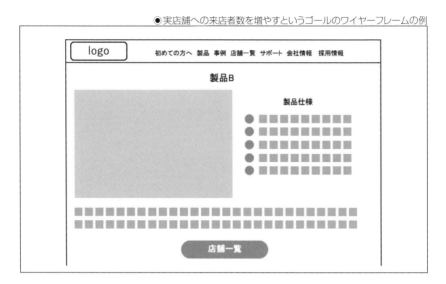

2-3-2 ◆ ターゲットユーザーとペルソナを確認する

　たとえば、ターゲットユーザーが「首都圏在住の20代女性会社員」で、ペルソナが第3章（50ページ参照）で設定した「佐藤恭子さん」の場合、製造業のサイトで求められるようなオーソドックスなレイアウトよりも、モダンなレイアウトのほうが購買意欲を持ってくれやすくなるということが考えられます。レイアウトの見本を探すには、そのような人物像のユーザーが使っていそうなさまざまな業種の他社のサイトを見て、どういったレイアウトやデザインの特徴があるのかを観察して参考にするとよいでしょう。

2-3-3 ◆ 必要な情報要素をリストアップする

　サイト内でユーザーがゴールに到達するためには、どのような情報要素が必要かを考えます。

　情報要素には、サイトロゴ、ヘッダーナビゲーション、見出し、メインビジュアル、本文、詳細画像、テキストリンク、画像リンク、バナー、フッターメニューなどがあります。

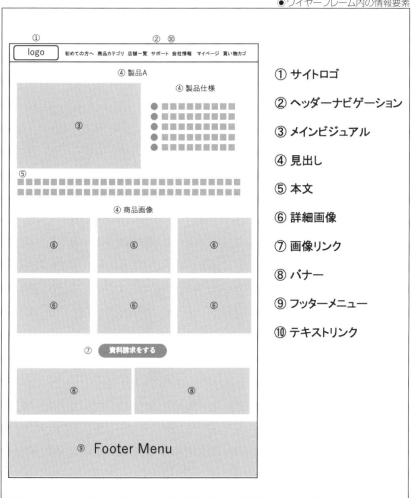

① サイトロゴ

② ヘッダーナビゲーション

③ メインビジュアル

④ 見出し

⑤ 本文

⑥ 詳細画像

⑦ 画像リンク

⑧ バナー

⑨ フッターメニュー

⑩ テキストリンク

2-3-4 ◆ レイアウトを決める

　必要な情報要素をワイヤーフレーム作成ツールを使い配置します。その際は売り上げがたくさんありそうな競合他社のサイトの構成を見ながら、ターゲットユーザーにとって最もわかりやすく、見やすい配置にすることを心がけます。

このようにサイトゴールを意識し、ターゲットユーザーにとって使いやすいページ構成のワイヤーフレームを作成します。そしてそれをもとに次章で解説する「デザインカンプ」の作成に移ります。

第5章
デザインカンプ

ワイヤーフレームを作成したら、それをもとに最終的なページのデザインを作成します。最終的なデザインは「デザインカンプ」という形で作られ、これをもとに実際のウェブサイトが生まれます。
　デザインカンプの作成こそが「ウェブデザイン」という工程そのものになります。

【STEP 7】デザインカンプの作成

ここでは、デザインカンプについて解説します。

1-1 ◆ デザインカンプとは

　デザインカンプとはDesign Comprehensive Layoutの略で、ウェブサイトの「完成見本」「デザイン案」のことで、サイト発注者と制作者がお互いにイメージをすり合わせるために使用されるものです。

　デザインカンプは、ワイヤーフレームをもとに作られます。ワイヤーフレームの段階ではページの基本的なレイアウトと情報要素の大体の配置だけを決めますが、デザインカンプでは色や使用する画像などの詳細を決めます。

●ECサイトのモバイルサイト（左）とPCサイト（右）のワイヤーフレーム例

《モバイル版サイト》　　　　　　　　《PC版サイト》

logo　　link1 link2 link3 link4 link5 link6 link7 link8

キャッチフレーズ

Main Visual

店舗一覧

製品カテゴリ

特集

詳細

ランキング

《モバイル版サイト》
logo

Main Visual

キャッチフレーズ

店舗一覧

製品カテゴリ

特集

詳細

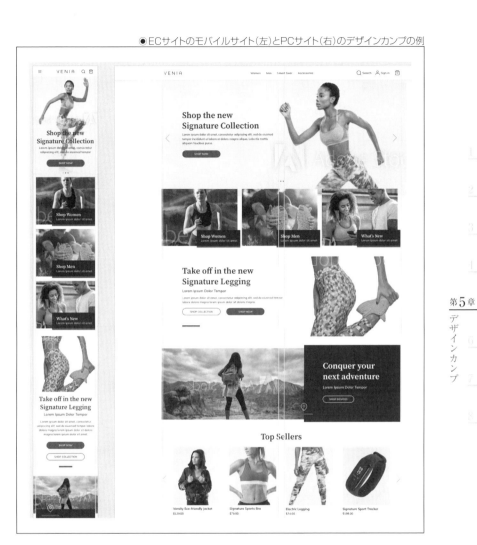

1-2 ◆ UIとUXの意味

　デザインカンプを作成する際には、よりよいUIをウェブページ上で提供し、
ユーザーに良質なUXを提供することを心がけます。

1-2-1 ◆ UIとは

UIとは、User Interfaceの略で、ユーザーがウェブサイト内で閲覧、操作する要素のことです。ウェブデザインにおけるUIには次のものがあります。

- ページ全体の構成
- テキスト（文字）
- 画像
- 動画
- テキストリンク
- 画像リンク
- テキスト入力欄

これらの要素がわかりにくく使いにくいと、ユーザーはサイトを離脱して他社のサイトに行ってしまいサイトゴールを達成することが困難になります。

UIが悪いサイトは「ユーザビリティが悪い」、「ユーザビリティが低い」「使いにくい」「ごちゃごちゃしている」「何がどこにあるのかがわからない」「何をしていいのかがわからない」と酷評されることになり顧客からも身内の同僚からも愛されないサイトになってしまいます。なお、ユーザビリティとは、「使い勝手」や「使いやすさ」を意味する言葉です。

1-2-2 ◆ UXとは

UXとはUser Experienceの略でユーザー体験を意味します。ユーザーがウェブサイトを利用することにより得られる体験と感情のことです。

ウェブサイトにおける良質なUXには次のようなものがあります。

- 商品の申し込みが簡単にできる
- フォームの入力が簡単にできる
- デザインが美しくサイト内のいろいろなページが見たくなる
- ページの表示速度が速くてサクサク見られる
- 使い心地がよい

良質なUXを提供するためには、どのようなUIが必要なのかを考え、ウェブサイトをデザインする必要があります。

1-3 ◆ モックアップ、プロトタイプとの違い

　デザインカンプと似た言葉として、「プロトタイプ」「モックアップ」という言葉があります。

1-3-1 ◆ モックアップ

　モックアップとは工業製品の設計・デザイン段階で試作される、外見を実物そっくりに似せて作られた実物大の完成模型のことです。ウェブデザインではあまり使われない言葉ですが、デザインカンプとほぼ同じ意味で使われる場合もあります。

●工業製品のモックアップの例

1-3-2 ◆ プロトタイプ

　プロトタイプとは、制作物の「試作品」のことです。それ単体では動作しない「デザインカンプ」「モックアップ」と異なり、実際に操作して動作を確認できる部分的な試作品がプロトタイプです。システム開発の現場ではプロトタイプが制作されることはありますが、ウェブデザインでプロトタイプを作ることはあまりありません。

1-4 ◆ デザインカンプを作るツール

　デザインカンプを作るツールとしては、Photoshop、Illustrator、GIMP、Figmaなどのインストール型のものと、STUDIOなどのオンライン上のツールがあります（Figmaはオンライン上での利用も可能です）。

●Photoshopで作成したデザインカンプの例

1-5 ◆ ウェブデザインを不要にする「デザインテーマ」

　デザインカンプはオリジナルのウェブサイトをデザインする際に必要になりますが、Wixや、Jimdoなどのホームページ作成サービスを利用する場合は特に必要ありません。それらのホームページ作成サービスが提供する多数のデザインテーマから自社の商材のイメージに適したものを選択すれば、ウェブデザインが自動的に完了します。

● Wixで選択したデザインテーマ（PCサイト）の編集画面

　また、WordPressでウェブサイトを作成する際も、有料や無料のデザイン
テーマが多数配布されていますので、それらを適用すればウェブデザイン
が自動的に完了します。

● ハイセンスなWordPress用のデザインテーマの販売サイトの例

●WordPressの管理画面にあるデザインテーマの選択画面

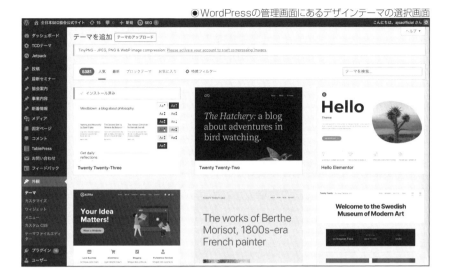

② デザインカンプを作る手順

デザインカンプを作るには次の7つの手順を踏みます。

❶ワイヤーフレームを確認する

❷参考となるウェブサイトを探し観察する

❸PCサイトのレイアウトを決める

❹ナビゲーション設計をする

❺カラー設計をする

❻情報要素を配置する

❼モバイルサイトのレイアウトを決める

それぞれ解説します。

2-1 ◆ ワイヤーフレームを確認する

　第4章で解説したワイヤーフレームを見て、ページにどのような情報要素が必要かを確認します。ワイヤーフレームを作成するときに、サイトゴールとターゲットユーザー、ペルソナを考慮しているはずですが、念のため、再度サイトゴールとターゲットユーザー、ペルソナを参照しましょう。

　そうすることによりデザイン先にありきのウェブデザインではなく、ターゲットユーザーに好かれるためのデザインを実現しやすくなります。

デザイン性は確かにウェブデザインをするにあたり重要ですが、企業サイトのウェブデザインの最大の目的はサイトゴール、もっというとビジネス上のゴールを達成することです。独創的なデザインのサイトを作ることや発注主が個人的に好むデザインのサイトを作ることではありません。

● サイトゴール、ターゲットユーザー、ペルソナ、ワイヤーフレームの例

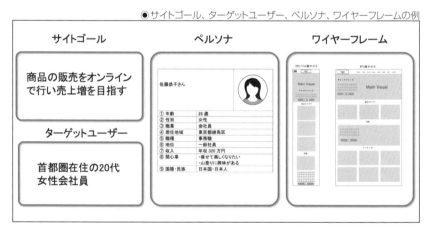

2-2 ◆ 参考となるウェブサイトを探し観察する

　ワイヤーフレームを確認した後は、トップページや、主要なページのデザイン案を考えます。その際はワイヤーフレームそのものと、ワイヤーフレームを考えるときに考慮したサイトゴール、ターゲットユーザー、ペルソナを利用します。これらを考えながらデザイン案をデザインカンプ作成ツールで作成するか、紙にスケッチし、その後にデザインカンプ作成ツールで清書をします。

そのときにもう1つしたほうがよいことがあります。それは想定される競合他社のサイトをいくつか観察することです。

想定される競合他社のサイトをいくつか観察することには次のようなメリットがあります。

2-2-1 ◆ ユーザーが必要とする情報要素が見えてくる

競合他社は、多くの時間と才能を使いターゲットユーザーがサイト内でどのようなページを見たいのかを研究している可能性があります。そしてその成果をサイト内にあるトップページやメニュー、コンテンツに反映している可能性があります。

特に注目すべきポイントは次の通りです。

- トップページの構成（メインビジュアル、選ばれる理由、導入事例、お客様インタビュー、新着情報など）
- 各ページの名称（FAQ、サポート、初めての方へ、お申し込みまでの流れ、マイページなど）
- 商品販売ページの構成（数量選択欄、サイズ選択欄、レビュー表示欄、買い物かごボタンなど）

自分が理想とするサイトをデザインしたいという気持ちをいったん抑えて、競合サイトがターゲットユーザーのニーズにどのように対応しているのかを観察しましょう。そして良いと思ったところは積極的に自社サイトに取り入れましょう。

そうすることにより、自分が理想とするデザインのサイトを作った後にユーザーの反応が悪いために作り直すという無駄な時間を節約することができます。

2-2-2 ◆ デザイントレンドが見えてくる

　自社が置かれている業界の競合他社のサイトを観察すると、ウェブデザインのトレンドを知ることができます。ウェブデザインのトレンドは数年おきに変化します。その変化は他の業界で最初に起きて、その後自社の業界に徐々に波及するようになります。

　たとえば、スマートフォンが普及する前の時代にはPCサイトのデザイントレンドには次のような特徴がありました。

- ボタンリンクは立体的でキャンディーのようなグラデーションがかかった派手な色
- ロゴも立体的で凝ったデザイン
- 見出し部分の文字がテキストではなく、画像で作り立体感がある凝ったデザイン
- ページの幅が当時のパソコン画面の幅が狭かったのでそれに対応して狭い

　しかし、スマートフォンが普及したことにより、ウェブサイトに要求されるものはそうした細かな装飾ではなく、スマートフォンの小さな画面でもユーザーが認識しやすいフラットでシンプルなデザインへと変化しました。

　そうしたシンプルなデザインのウェブデザインにすることにより、画像などのパーツの容量が軽くなり、テキスト部分を画像にしていたところは、テキストに戻されるようになりました。

　それによりページや画像の容量が軽くなり、自宅や事務所で使うブロードバンド接続よりもネット接続の速度が遅いモバイル環境でも、ユーザーは快適にモバイルサイトを見られるようになりました。そしてそのシンプルなデザインのトレンドがPCサイトのデザインにも波及するようになりました。

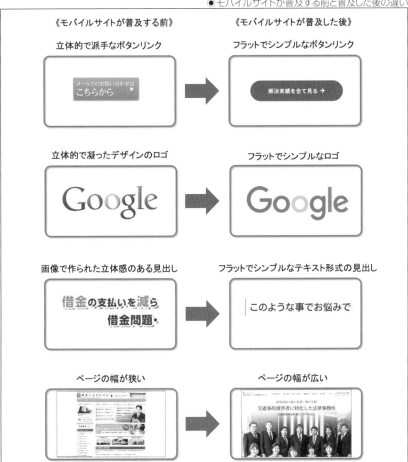

　また、パソコンのモニターの解像度は数年おきに高くなり、横幅のピクセル数が増えていったため、最近のPCサイトのページの横幅はとても広くなってきています。それに伴い、ページ内に配置する画像のサイズが大きくなり画像に迫力が加わるようになりました。

　世界各国のパソコンやブラウザなどの利用状況を調査発表しているStatCounterによると2021年から2022年末にかけて最も利用されている画面幅は1920ピクセルで、第2位が1366ピクセル、第3位が1536ピクセルになっています。

●2021年度の国内デスクトップPCの画面解像度のシェア統計（StatCounter調べ）

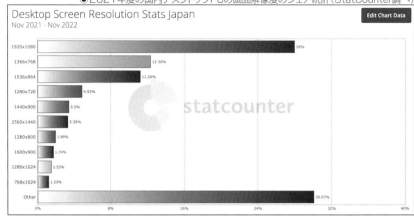

これら上位の画面幅のパソコンユーザーが大多数を占めていることを想定し、最大のインパクトを与えられるデザインを目指すと同時に、画面幅が1280ピクセル、768ピクセルの画面で見るユーザーにも過不足なく表示されるページをデザインする必要があります。

こうしたデザイントレンドの変化に無頓着だと、サイトが完成したころにはすでに一世代、二世代遅れのデザインになってしまいます。そうなるとユーザーが見たときに古い印象を与えるだけでなく、使いにくいだとか、人気がないサイトだと思われてしまうリスクが生じるので気を付ける必要があります。

●2009年のテキスト主体でページ幅が狭い法律事務所サイトの例

● 立体的な画像主体のデザインに変更されページ幅がやや広くなった同サイトの2015年の様子

● テキストを画像で表現するのをやめてテキスト主体にして、
　　　　　　　　　　　ページ幅は画面いっぱいに広がった同サイトの2022年の様子

2-3 ◆ PCサイトのレイアウトを決める

　デザインカンプにはPCサイトのものとモバイルサイトのものがあります。PCサイトのデザインのほうが複雑であることが多いため、最初にPCサイトのデザインカンプから作ることが多い傾向があります。そのため、最初にPCサイトのデザインカンプを完成させ、それをもとにモバイルサイトを作ることが効率的です。

2-3-1 ◆ カラム数を決める

　PCサイトのページの大枠は『ウェブマスター検定　公式テキスト 4級』でも解説したように、次の3種類があります。

- シングルカラム（1カラム）
- 2カラム（ツーカラム）
- 3カラム（スリーカラム）

①シングルカラム

　シングルカラムのメリットは、サイドバーをなくすことでスッキリとして、メインコンテンツの幅が画面いっぱいに広がることです。そのためメインコンテンツ内の画像のサイズが大きくなり、見た目にインパクトがあり、訴求力が高くなることです。そして余計なコンテンツがないため、中身をじっくりと読んでもらえるというメリットもあります。

第5章
デザインカンプ

また、モバイルサイトのほとんどがシングルカラムなので、PCとスマートフォンで同じ画面を表示させるレスポンシブウェブデザインでサイトを作ったときにはほとんど違いがなくなります。それによりデザインやメンテナンスの手間がかからなくなります。

こうした理由のため近年では新しいサイトの多くがシングルカラムのレイアウトで作られるようになりました。

ただし、シングルカラムにもデメリットはあります。それは、サイドバーがある2カラムのサイトに比べると、サイドバーに設置される他のページへのリンクが目に入らなくなることです。それにより他のページをユーザーが見る確率が下がる恐れが生じます。その結果、他のページを見ないで、1つのページだけを見て検索エンジンや前に見ていたサイトに戻ってしまい、直帰率（そのページだけを閲覧して前のページに戻る割合）が高まるリスクが高まります。

このリスクを減らす対策としては、メインコンテンツ内に頻繁に、サイト内にある関連性が高いページへのリンクを張ることや、メインコンテンツが終わったところのすぐ下に他のページへのリンクを張ることなどがあります。

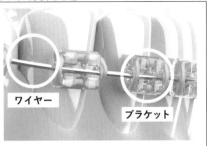

まず動かす**前歯の4歯～8歯**の表面にブラケットを取り付けます。そのブラケットへワイヤーを通し歯を動かしていきます。

歯の表面につけるのが「ブラケット」です。当院では目立たないものを使用しています。

ブラケットに通っているのが「ワイヤー」です。ワイヤーは目立たない白色か金属色の2種類があります。

ワイヤー   ブラケット

ワイヤー矯正 ＞

経歴

茨城県ひたちなか市に生まれる

東京大学法学部卒業

東京大学法科大学院修了

新司法試験合格

司法修習終了後、弁護士登録

弁護士法人山本総合法律事務所に入所

COLUMN
弁護士コラム
須藤 進が執筆しているコラムはこちらからご覧いただけます。

須藤 進のコラム →

RESULTS
解決事例
当事務所の解決事例はこちらから

詳しくはこちら →

← 弁護士紹介一覧に戻る

　もう1つのシングルカラムのデメリットは文章量や画像の掲載点数が多いページの場合、本来ならサイドバーに掲載できる情報がページの下に配置されることが多いためページが縦に長くなってしまうリスクがあることです。

　このデメリットを減らすための工夫としては、1つのページに掲載されているコンテンツを複数のページに分散して、縦の長さを短くすることがあります。

無理やり1つのページにたくさんのコンテンツを詰め込むのではなく、1つの
ページに掲載するコンテンツ量をある程度、絞り込むのです。

◉情報量が多く長くなったページを3つのページに分割

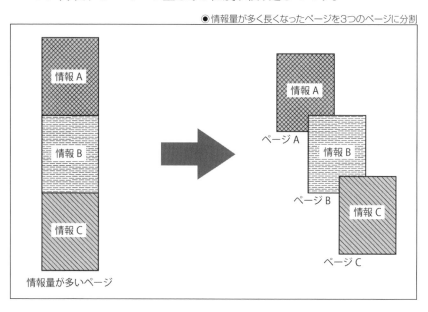

もう1つの対策としては、メインコンテンツ内にある文章を途中まで表示し
て、「もっと見る」または「MORE」と書かれているリンクや、「＋」印のリンクを
クリックすると全文が表示されるようにする工夫です。ただし、これをやりすぎ
るとページ内にあるすべての文章を読みたいユーザーが何度もクリックしな
くてはならなくなり、かえって使いづらくなるという別のリスクが生じることにな
ります。使いすぎには気を付けるべきです。

◉「＋」印のリンクを押すと続きの文章が見えるページの例

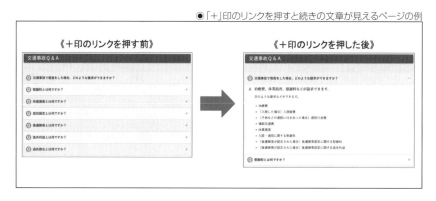

②2カラム

　2カラム（ツーカラム）はメインコンテンツとサイドバーで構成されるレイアウトです。サイドバーにはサイト内にある他のページへのリンク、カテゴリ、バナーリンクなどが掲載されます。サイドバーにこうした情報要素を配置することによりユーザーが他のページを見てくれる可能性が増します。

●2カラムの概念図

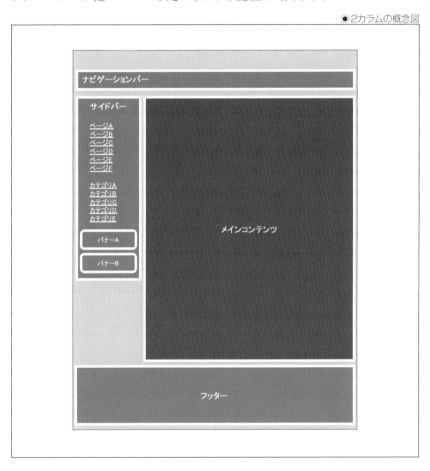

最近はスマートフォンの普及の影響でPCサイトもシングルカラムが流行っていますが、スマートフォンが普及する前まではページの左にサイドバーを配置した2カラムが主流でした。その後、ページのメインコンテンツにユーザーが集中できるようにページの右側にサイドバーを配置するサイトやブログが増えました。

　なぜページの右側にサイドバーを配置するようになったのかというと、ユーザーは左から右に視線を移動して横書きの文章を読むからです。

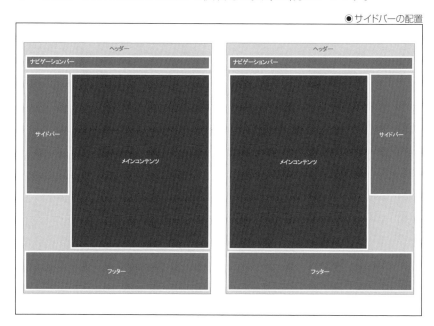

●サイドバーの配置

　2カラムのレイアウトのメリットはこのようにユーザーが他のページの存在を目にするため、他のページを見てもらえる確率が増すことです。

　一方、2カラムのレイアウトのデメリットは、サイドバーがページの幅の何割かを占めるために、シングルカラムに比べてメインコンテンツの幅が狭くなり、メインコンテンツ内に載せる画像の横幅が狭くなり、画像のインパクトが減ることです。

●2カラムだった代表ご挨拶ページ

●シングルカラムになって画像が大きくインパクトが増した代表ご挨拶ページ

③3カラム

　サイドバーがメインコンテンツの両横にあるウェブページは3カラム（スリーカラム）と呼ばれます。

　3カラムのメリットは、一度に多くの情報を表示させることができることです。1つの画面にたくさんのリンク、バナーを載せることができるため、ユーザーが他のページに移動する確率が高まり回遊率が高まることが期待できます。

　一時期、3カラムのウェブページ、特にトップページが3カラムのウェブページが流行しました。しかし、3カラムのウェブページはたくさんの異なった情報を載せることができるという長所が短所にもなり、ごちゃごちゃした印象をユーザーに与える傾向があるため、最近では廃れている傾向にあります。

●3カラムの概念図

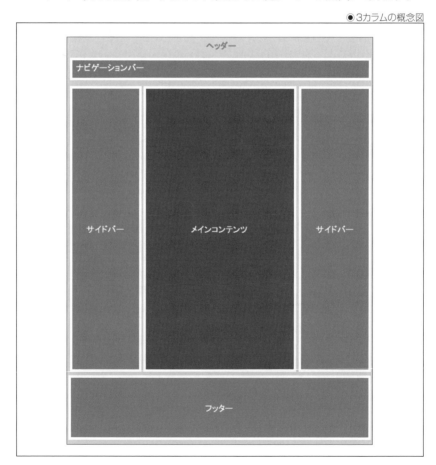

● 3カラムだった楽天市場のトップページ（2013年当時）

● 2カラムになった楽天市場のトップページ（2023年現在）

2-3-2 ◆ ガイド線を引く

　カラム数が決まったら、デザインカンプを作成するツールを立ち上げて、カンバスにガイド線を引きます。カンバスとは画像ウィンドウ内にある、画像の作業領域のことです。ガイド線とは、カンバスで作業をする際、目安となる補助機能の線のことです。

　ガイド線は、ウェブページの左右と真ん中に3本引くか、自分が必要だと思うところに引きます。Photoshopを使う場合は、ガイド表示機能よりメニューにある「定規」という機能を利用します。

●Photoshopの定規機能

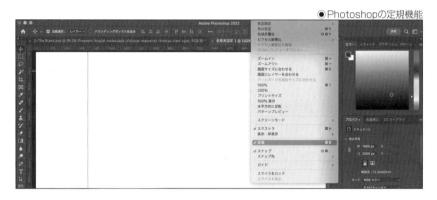

2-3-3 ◆ ヘッダー、メインコンテンツ、サイドバー、フッターの
　　　　レイアウトを決める

　ガイド線を引いたら、ヘッダー、メインコンテンツ、フッターの位置と、サイドバーがあるときはサイドバーの位置を決めます。

●Photoshopのカンバス上に配置したヘッダー、サイドバー、メインコンテンツ、フッターのレイアウト

2-4 ◆ ナビゲーション設計をする

　ウェブページをデザインする上で最も重要な作業の1つはナビゲーションの設計です。ナビゲーションとは、ウェブサイト内のコンテンツを移動したり、他のサイトへ誘導したりするためのボタンやリンクのことです。そしてナビゲーション設計とは、サイト内でユーザーが目的とするコンテンツに迷うことなくスムーズにたどり着きやすいようサイト全体を設計することをいいます。

　また、SEO（検索エンジン最適化）においては、Googleなどの検索エンジンのクローラーがサイト内にあるページの情報を問題なく登録しやすくする設計を指します。

　「クローラー」（crawler）とは、ウェブ上に存在するサイトを巡回してGoogleなどの検索エンジンの検索順位を決めるために必要な要素を収集するロボットプログラムのことです。

　ナビゲーション設計に失敗すると、サイトを訪問したユーザーは自分が探している情報を見つけることができなくなり、迷子になります。そしてサイトに対して「何がどこにあるのかがわからない」「このサイトはわかりにくい」という悪い印象を抱き、検索エンジンやこちらのサイトにリンクを張っているサイトに戻ってしまい直帰率が高くなります。このことによる経済的損害は計り知れないほど大きなものになります。

2-4-1 ◆ ナビゲーションバー

　ナビゲーションの中でも最も重要といってよいのが、ヘッダーに設置するナビゲーションバーです。ナビゲーションバーとはウェブサイト内にある主要なページへリンクを張るメニューリンクのことです。主要なページへリンクを張ることから「グローバルナビゲーション」とも呼ばれます。

　通常は、全ページのヘッダー部分に設置されます。そのことから「ヘッダーメニュー」や「ヘッダーナビゲーション」と呼ばれることもあります。

●ヘッダー部分に設置されたナビゲーションバーの例

　ナビゲーションバーのリンクには次の種類があります。

①画像のリンクボタン

　リンクを画像で表現するものです。リンク用の画像であるリンクボタンを画像編集ソフトで作成し、それをクリックすると指定したページに遷移するようにリンクを張ります。

②テキストのリンク

　スマートフォンが普及したことにより、サイトの表示速度を速くするため、モバイルサイトには画像を使わずにテキストでリンクを張ることが増えました。その影響でPCサイトのナビゲーションバーにもリンクボタンを使わずにテキストリンクを作成するサイトが増えるようになりました。

●ナビゲーションバーをテキストリンクで作った例

| ドクター紹介 | 当院の特徴 | 料金表 | 診療メニュー | クリニック紹介 | 初診予約はこちら | LINE無料相談 |

③ポップアップメニュー

　「ポップアップメニュー」とは、ドロップダウンメニューとも呼ばれるもので、メニュー項目にマウスを合わせたとき、またはクリックしたときにサブメニューが飛び出すように表示するメニューのことです。

　ポップアップメニューを使用することで、たくさんのページにリンクを張ることが可能になります。リンク先のページが7つ程度の場合は必要ありませんが、それ以上のリンク先ページがある場合に便利なメニューです。

　モバイルサイトが普及したため、サイドバーを設置しないサイトが増加しました。その影響で、以前はサイドバーからリンクを張っていたメニューを格納するため、ポップアップメニューを設置するPCサイトが増えました。

　ポップアップメニューには、サブメニューが横一列に表示されるものと、縦一列に表示されるものの2種類があります。

◉横一列に表示されるポップアップメニューの例

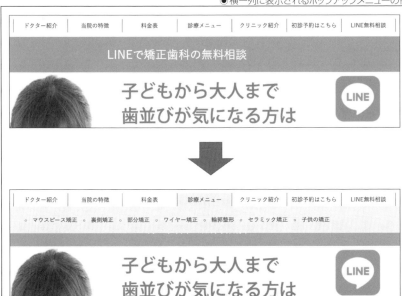

◉縦一列に表示されるポップアップメニューの例

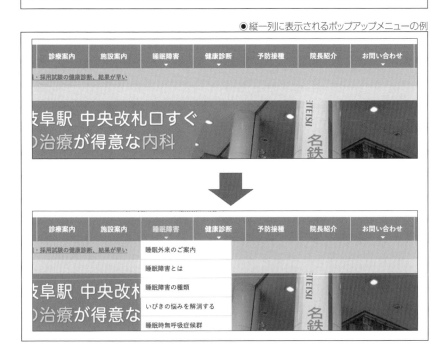

④メガメニュー

「メガメニュー」とはメガナビゲーションメニュー、メガドロップダウンとも呼ばれるもので、通常のポップアップメニューよりも広いスペースを使用するものです。

広いスペースを使用することで階層化した多数のページをグループごとに表示できます。また、テキストリンク以外にも画像を表示させユーザーにインパクトを与えることができるメニューです。

◉メガメニューの例

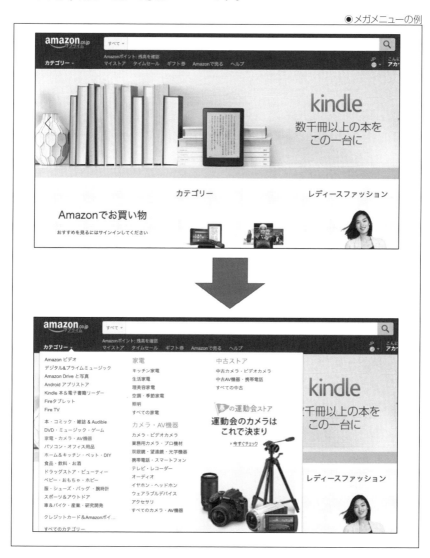

⑤ハンバーガーメニュー

　「ハンバーガーメニュー」とは、三本線のアイコンを使ったナビゲーションメニューのことで、スマートフォンではタップ、パソコンではクリックするとメニュー項目が表示されるものです。

　3本線のデザインがハンバーガーの形に見えることからハンバーガーメニューと呼ばれます。

●ハンバーガーメニューのアイコン

　スマートフォンが普及し、モバイルサイトが増え始めた2010年くらいからこのメニューを使っているモバイルサイトが増加しました。近年ではPCサイトでも使われることが増えています。

●ハンバーガーメニューの例

2-4-2 ◆ サイドバー

　サイドバーを設置することによりサイト内にある他のページへのリンク、カテ
ゴリ、バナーリンクなどの他のページへのリンクを掲載できるようになります。

　ただし、ページへのリンクの数が多すぎたり、バナーリンクが多すぎると
ユーザーにページがごちゃごちゃしているという印象を与えるリスクが生じま
す。リンク数は極力少なめにしましょう。

　サイドバーは左に設置する左サイドバー、右に設置する右サイドバーの2
種類があります。

　ユーザーにページのメインコンテンツに集中してほしいという思いが強い
場合は、サイドバーは右に設置します。ユーザーは左から右に視線を移動
して横書きの文章を読むからです。

　反対に、ユーザーに順々に複数のページを見てほしいという場合は、左
に設置します。ユーザーは左から右に視線を移動するので左サイドバーの
リンクを認識してくれやすくなるからです。

●左サイドバーと右サイドバーのイメージ図

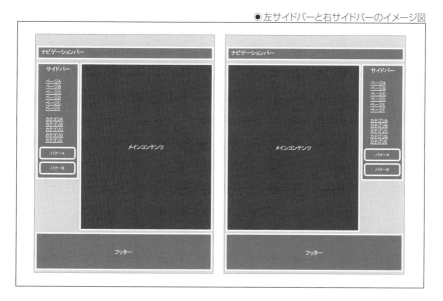

　サイドバーのリンク先は2つのパターンがあります。

①サイトマップ型

　1つは、サイトマップのようなもので、サイト内にあるすべての主要なページにリンクを張るというものです。このパターンのメリットは、サイドバーがない場合と比べるとユーザーにサイト内にはどのような重要なページがあるのかを見てもらう可能性が生じることです。

●サイト内にあるすべての主要ページにサイドバーからリンクを張っているサイトマップ型

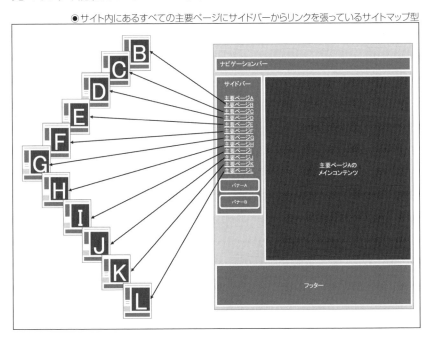

　しかし、これはあくまで可能性が生じるということでしかなく、実際にはユーザーがメインコンテンツに集中している場合、サイドバーを見ないで下にスクロールしてしまうことが考えられます。サイドバーを見ないで下にスクロールしてしまえば、サイドバーにサイト内にある主要なページにリンクを張っても意味がないことになります。

　サイトマップ型のサイドバーのデメリットとしては、ヘッダーにあるナビゲーションバーのリンク先や、フッターにあるサイトマップリンクとリンク先情報が重複するということです。

　確かに重要なページにはページ内の複数の場所からリンクを張ることにより、ユーザーに目に触れる可能性は増します。

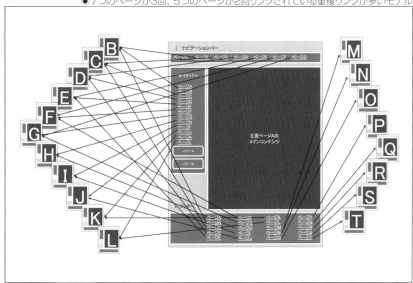

● 7つのページが3回、5つのページが2回リンクされている重複リンクが多いモデル

しかし、だからといって1つのページの3箇所から同じページにリンクを張るというのは多すぎです。どんなに多くとも、ヘッダーのナビゲーションバーとフッターのサイトマップリンクの合計2箇所からリンクを張れば十分でしょう。

こうした理由のためか、最近作られたPCサイトのサイドバーはサイトマップ型ではないローカルメニュー型が増えるようになりました。

②ローカルメニュー型

ローカルメニュー型のサイドバーは、メインコンテンツと関連性が高いページにだけサイドバー領域からリンクを張るものです。

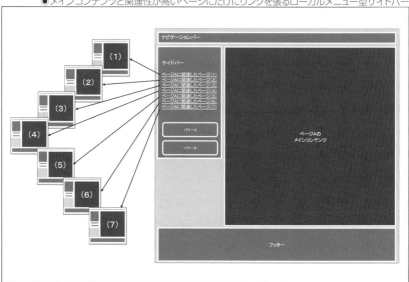

◉メインコンテンツと関連性が高いページにだけにリンクを張るローカルメニュー型サイドバー

たとえば、法律事務所のサイトでメインコンテンツが弁護士紹介のページのサイドメニューには、同じ事務所に勤務する他の弁護士を紹介するページへのリンクを掲載します。

◉同じ事務所に勤務する他の弁護士を紹介するページにローカルリンクを張っている例

また、同じサイトの中にあるQ&Aページのサイドメニューには、他のQ&A
ページへリンクを張ります。

●他のテーマのQ&Aページにローカルリンクを張っている例

　このようにユーザーがそのとき見ているページのメインコンテンツと関連性
が高いページにサイドバーからリンクを張ると、ユーザーがそのとき関心のあ
る事柄と関連性が高いページを目にする確率が高くなるため、サイトの回遊
率が高まることが期待できます。

2-4-3 ◆ フッター

　フッターとはメインコンテンツの下の部分で全ページ共通の情報を掲載す
る場所です。フッターには各種SNSへのリンク、サイト内の主要ページへの
リンク、問い合わせフォームや申し込みフォームへのリンク、自社が運営して
いる他のウェブサイトへのリンク、注意事項、住所、連絡先、著作権表示な
どを掲載するのが一般的です。

　フッターにはメニュー型とサイトマップ型の2パターンがあります。

①メニュー型

　メニュー型は、1列か、多くとも2列に複数のリンクを配置するもので、ヘッダーのナビゲーションバーに載せきれなかったユーザーに見てほしいページへのリンクを掲載します。

● フッターに配置した1列で作られたメニュー型のリンク

②サイトマップ型

　サイトマップ型はサイト内にある主要なページへのリンクを複数のブロックに分けて合計40個くらいから100個近くを左寄せで掲載するものです。

● フッターに配置したサイトマップ型のリンク

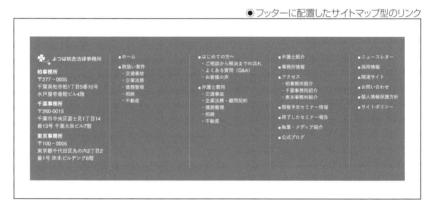

　フッターに配置したナビゲーションの役割の1つは、サイト内にある他のページをユーザーに回遊してもらうことです。どんなに手の込んだページを作ったとしてもそのページへのリンクをユーザーが目にしなければページを見てもらえません。

　サイト内にあるユーザーに見てほしいページを40ページから100ページくらいまで厳選して載せてみましょう。ただし、100ページを超えるリンクを載せるとほとんどの場合フッター内の情報がごちゃごちゃしている印象をユーザーに与えるリスクが高まりますので載せすぎには気を付けるべきです。

フッターに配置したナビゲーションの2つ目の役割は、フッターに問い合わせフォームや申し込みフォームへのリンクを目立つように掲載することにより、ユーザーによる問い合わせ、申し込みを促進することです。

　サイトをユーザーに見せる最大の目的はサイト運営者が期待する行動を取ってもらうことです。見込み客からの問い合わせを増やしたい場合は問い合わせフォームへのリンクや電話番号を、無料相談の件数を増やしたい場合は無料相談フォームへのリンクを張るなど、期待するユーザーの行動に合わせて適切なリンクや情報を載せましょう。

●フッターに配置したサイトマップ型のリンクのすぐ上に問い合わせ情報を載せている例

2-4-4 ◆ メインコンテンツ直下のリンク

　サイドバーがないサイトの場合、サイドバーに掲載するようなローカルリンクはメインコンテンツ直下に配置することができます。このやり方は、画面の幅が狭いためサイドバーを設置することが困難なモバイルサイトにも有効なものです。

　下図の例は、法律事務所のサイトにある労働訴訟という取り扱い分野の1つを紹介するページです。労働訴訟について説明するメインコンテンツの直下に、他の取り扱い分野である契約書作成、債権回収、消費者トラブル、不動産を説明する各ページにローカルリンクを張っています。

2-4-5 ◆ パンくずリスト

　パンくずリストは、ユーザーがサイト内のどの位置、階層にいるのかを直感的に示すテキストリンクのことをいいます。名称の由来は童話「ヘンゼルとグレーテル」で、森の中で帰り道がわかるようにパンくずを少しずつ落としながら歩いたというエピソードから来ています。サイトを訪問したユーザーはパンくずリストを見ることにより、現在自分がサイト内のどこにいるのかがわかり迷子になることを防ぎます。

パンくずリストをページのヘッダー部分に張ることで、下図の例のように
ユーザーが「HOME」(トップページ)の下にある「基礎知識」のさらに下に
ある「教えて!SEO」というページを見ているのだということがわかります。

●パンくずリストの例

　そしてそこから「教えて!SEO」の上の階層の「基礎知識」や、さらにその
上にある「HOME」(トップページ)に戻ることもでき、サイト内のスピーディー
な移動を助けます。

2-4-6 ◆ サイト内検索窓

　ユーザーが、サイト内にあるメニューリンクを見ずに、自分が探している
ページを検索することができるのがサイト内検索窓です。

　ページ数が数百を超えるような大きなサイトの場合は、ユーザーがキーワー
ド検索をすると一発で探しているページが見つかるようにするサイト内検索窓
を設置するとサイトの利便性が向上し、回遊率が高まることが期待できます。

　通常、サイト内検索窓はPCサイトの場合、ヘッダーの右上あたりに検索
窓と検索ボタンをセットで設置します。モバイルサイトの場合は画面のスペー
スが限られているため検索を想起させる虫眼鏡のアイコンを設置して、そこ
を押すとサイト内検索窓がポップアップするタイプが多く見られます。

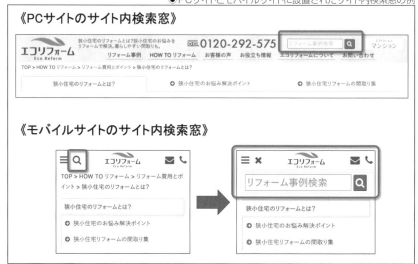

2-5 ◆ カラー設計をする

　ワイヤーフレームはページ内の大体の構成を決めるだけなので、白黒で作成できますが、デザインカンプはウェブデザインの最終案であるため各ページのカラー設計をしなくてはなりません。

　カラー設計とは、色彩設計、カラースキームとも呼ばれるもので、色の持つ心理的、生理的、物理的な性質を利用して、まとまりのある雰囲気を作るなど、目的に合った配色を行うことでユーザー体験を快適にすることを目指すものです。

　カラー設計をするための流れと注意点には次のものがあります。

2-5-1 ◆ 同業他社が運営するサイトのカラー設計を調査する

　自社サイトのカラーを決める前に、同じ業界の他社が運営するウェブサイトがどのような色を使っているかを調査します。そうすることにより次のことが可能になります。

①どのような色がユーザーに好まれているかを推測し、どのような色を使うべきかを考える

ユーザーは自社のサイトだけを見るのではなく、自社と競合する同業他社のサイトも見るはずです。そのため、その業界のイメージとまったく合わない色使いをしているサイトを作ってしまうとユーザーが心理的、生理的に拒絶するというリスクが生じます。極端な例としては、ベビーグッズを売るサイトの背景色がブラックで他に使う色が赤と白だったらどうでしょうか。あるいは、高級な輸入車を販売するサイトで淡いピンクや白がかかった黄緑を使ったとしたら高級感が演出できるでしょうか。

こうした場違いなカラーリングのミスを避けるためには競合サイト、特にその業界の中でも売り上げが多そうな同業者のサイトを観察することは意味のあることです。

②競合サイトとまったく同じ配色をすることを回避する

競合サイトの配色を観察するもう1つのメリットは競合他社とまったく同じ色を使うことを回避するためです。同じ業界の同業者のサイトとまったく同じ配色をするということは好ましいことではありません。なぜなら、同じ業界の同業者のサイトとまったく同じ配色をするとサイトの印象が非常に似通ってしまうからです。

同業他社のカラー計画を真似することは今のところ、法的には問題はありません。しかし真似してしまうとユーザーがそのことに気付き、企業の信用を落としてしまうリスクが生じます。

真似された競合他社のサイトをデザインしたデザイナーや発注者もそのことに気が付き、非常に不快な思いを抱くリスクがあります。そうなるとブランドイメージや業界内での評判が悪化して、自社に不利な状況に陥る可能性が生まれます。

ユーザーがこちらのサイトを識別してよい印象を持ってもらうため、そして競合サイトをデザインしたデザイナーとその発注者の創造性をリスペクトするためにも同業他社のカラー計画を完全に真似することは避けるべきです。

2-5-2 ◆ ターゲットユーザーの属性と色の意味を考えて配色を決める

会社案内を目的にするコーポレートサイト、ショッピングができるECサイト、女性向け商材のサイトなどそれぞれ独特の色使いがあります。色にはそれぞれ意味があるので色の意味を知り、ターゲットユーザーが抱くイメージを想像してカラーを選びましょう。

● 色の特徴

色	色の印象	ジャンル
黒色	高級感、重厚感、堅実、権力、優雅、気品、信用、男性的、夜、恐怖、死	高級車、高級品、ファッション、美容、買い取り、葬儀
赤色	生命力、エネルギー、熱さ、活力、強さ、情熱、興奮	結婚、ブライダル、出会い、教育、食品、飲食
青色・紺色	信頼感、技術力、知性、海、空、アウトドア、男性的、清潔感、寒さ	企業、団体、製造業、旅行、医療、教育、スポーツ、自動車、バイク、海、士業
水色	海、水、空、信頼感	スポーツ、旅行、海、士業、医療、介護、福祉、美容
茶色	自然、温もり、落ち着き	建築、自然素材、食品、飲食
黄色	食べ物、明るい、愉快、元気、軽快、若い、希望、無邪気、注意	食品、飲食、工事、デザイン、娯楽、子供
緑色・黄緑色	自然、成長、喜び、健康、安らぎ、安心、安全	建築、教育、士業、食品、飲食、医薬品、サプリメント
オレンジ色	食べ物、親しみやすい、安い	食品、飲食、士業
ピンク色	女性的、美しい	医療、介護、福祉、ファッション、美容、エステ
パステルカラー	明るい、楽しい	幼稚園、保育園、ベビーグッズ、美容、エステ
ベージュ	優しい	医療、介護、福祉
灰色	モダン、上品、スタイリッシュ、不安、あいまい	企業、機械、建築
紫色	高貴、上品、冷静、大人っぽい、神秘的、神聖、不吉	高級品、美容、葬儀
ゴールド	高級、豊かさ、富、権力	高級品、買い取り
白色	清潔、純粋、無垢、雪、雲、牛乳、神聖、新しさ	結婚、ブライダル

1つの色を決めたら、カラーパレットを参考にしてその色と相性のよい色を選ぶと決めやすくなります。カラーパレットにはColor Huntなど、さまざまなものがウェブ上で見つけることができます。

- Color Palettes for Designers and Artists - Color Hunt
  URL https://colorhunt.co/

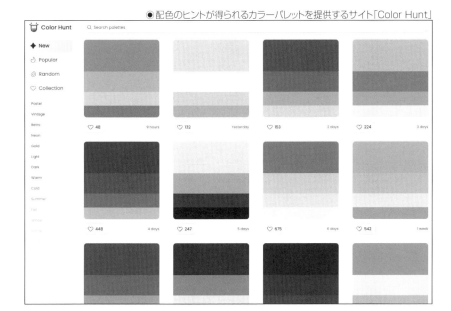

　色を決める他の方法としては、サイトロゴの色に合わせるというものがあります。サイトロゴの色と同じまたは近い色を選び、その色と相性のよい色を組み合わせるという方法です。同様に、トップページのメインビジュアルの色やメインビジュアルにある商品の色に合わせるという方法もあります。

　いずれにしても、色を選ぶ際には発注者の個人的な好みや、デザイン上の個性を追求することを優先するのではなく、ウェブサイトの置かれる業界や取り扱う商材に適合する色を選ぶほうがユーザー体験の良好なサイトを作りやすくなります。

2-5-3 ◆ 色の黄金比を意識する

　これまで解説してきた色選びの方法を用いて配色を決めた後は、「色の黄金比」を守ってウェブページを着色します。色の黄金比とは、ベースカラー70%、メインカラー25%、アクセントカラー5%という比率で配色すると美しい配色になるという考え方です。

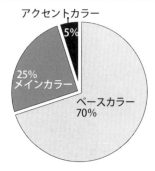

ベースカラーとは、ウェブページの背景色や余白の用いられる色で、ウェブページの中で最も大きな面積を占める色です。

メインカラーとはウェブサイトの印象を左右する主要な色です。ターゲットユーザーの属性と自社が置かれる業界の典型的な色は何かを考えて決めます。

アクセントカラーとはメインカラーと組み合わせて使う色で、メインカラーの反対色を使うとよい配色が実現できます。

これら3つのカラーの意味を知り、色の黄金比を意識した配色を決めましょう。

2-5-4 ◆ 使用する色の数を多くしない

ウェブページのカラーの色数は多すぎると見にくくなり、素人っぽいデザインになってしまいます。ベースカラー、メインカラー、アクセントカラーの3つの色以外は極力ウェブページに着色するのは避けましょう。

2-5-5 ◆ 背景色とフォント色にコントラストを付ける

コントラストとは、画像の明暗、鮮やかさの差のことです。コントラストを強くするほど、明るい部分はより明るく、暗い部分はより暗くなります。明暗の差や彩度差が大きいほどコントラストが強くなりシャープでくっきりとした表現になりユーザーの目に入りやすくなります。

2-5-6 ◆ コントラストを付けすぎない

コントラストは一定の度合い必要ですが、コントラストを付けすぎると目の負担が増えます。

たとえば、ベースカラーが白で、フォント色を真っ黒にすると背景色とフォント色のコントラストが強くなりすぎ文字が読みにくくユーザーに負担をかけるリスクが生じます。ベースカラーが白の場合は、そこに掲載するフォント色は少しグレーに近づけると目の負担が軽減されます。

しかし、グレーに近づけすぎると文字が読みにくくなり、これもユーザーの目に負担をかけることになります。

薄すぎず、濃すぎない範囲を見つけて使用するようにしましょう。

2-5-7 ◆ ユーザーに必ず見てほしい情報要素には目立つ色を付ける

ウェブページ内にある情報要素の中で、必ずユーザーに見てほしい、目に止まってほしいものには目立つ色を付けると認識してくれやすくなります。

たとえば、ECサイトにおいて最もユーザーに見てほしい情報要素は商品の情報以外には商品を買い物かごに入れるための買い物かごボタンです。そのボタンがグレーだと目立ちませんが、オレンジや、赤、あるいは黄緑色にすることにより目立たせることが可能です。

しかし、目立てば何色でもよいというものではなく、サイトのメインカラー、アクセントカラーを考慮した上で、それらと一緒に配置した場合に目立つようにする必要があります。

　ウェブページ内の特定の情報要素を目立たせる工夫の1つに、色の暖かさで差を付ける方法があります。

色を暖かさで分類すると、次のように3つのグループに分けられます。

- 寒色系の色 = 青緑、青、青紫などの冷たそうな色
- 暖色系の色 = 赤、オレンジ、黄色などの暖かそうな色
- 中性色 = 緑や紫など、寒色系の色にも、暖色系の色にも属さない色

　たとえば、青がメインカラーで水色がアクセントカラーの寒色系の配色をしたページに、青や水色、または紺色の買い物かごボタンを設置しても目立ちません。青がメインカラーで水色がアクセントカラーのページならば、買い物かごボタンの色は赤やオレンジ等の暖色系の色が目立ちます。

　反対に、オレンジがメインカラーで、赤がアクセントカラーの暖色系の配色をしたページには、黄色の買い物かごボタンを設置しても目立ちません。この場合、暖色系以外の寒色系の色か、中性色の色を買い物かごボタンに配色したほうが目立ちます。

　次の図は、Amazonの商品販売ページの例です。メインカラーが黒に近い紺色の寒色系で、それに対して反対の系統の色である暖色系を効果的に使っています。

●寒色系に対して暖色系の色を配置している例

ユーザーに見てほしい部分、使ってほしい部分をオレンジ色か黄色に着色しています。「カートに入れる」が黄色で、「今すぐ購入」がオレンジ色になっており、売り上げに直結するボタンリンクを目立たせています。

他にも、品揃えが豊富なのがAmazonの特徴なので、サイト内検索窓の検索ボタンをオレンジにし、レビューの豊富さも大きな差別化要因なので、星印の部分をオレンジにしています。また、ユーザーがどのモデルのノートパソコンを見ているかをひと目でわかるようにユーザーが見ているページのモデル名であるCleron 4GBのモデルの部分がオレンジの枠で囲われています。

2-5-8 ◆ サイト全体で統一する

ベースカラー、メインカラー、アクセントカラーのカラー設計はトップページだけ、特定のページだけではなく、サイト全体で統一しましょう。そうすることによりユーザーはどのページを見ても統一感を感じてよりよいユーザー体験を得てくれるようになります。

同時に、サイト全体で配色を統一することは、企業やブランドが提供する世界観を感じてもらいやすくなり、ブランディングの向上にも役立ちます。

2-6 ◆ 情報要素を配置する

サイト全体の配色を決め、ページを彩色した後は、各ページの上に情報要素を配置します。

2-6-1 ◆ サイトロゴ

ページの中でも最もユーザーの目に付く情報要素はサイトロゴです。サイトロゴはユーザーが比較検討する他のサイトとの違いを出すことや、サイト名または企業名を覚えてもらうというブランディングをする上で非常に重要なサイトのシンボル（象徴）ともいえるパーツです。

サイトロゴは通常、全ページのヘッダー部分に配置します。PCサイトの場合は左端か中央に配置します。

◉PCサイトのサイトロゴの例

モバイルサイトでは一番左端にポップアップメニュー（ハンバーガーメニュー）があり、その右横にサイトロゴを配置するパターンと、一番右端にポップアップメニューがあり、その左横に配置することが一般的です。

《ポップアップメニューの右横に配置》 《ポップアップメニューの左横に配置》

2-6-2 ◆ メインビジュアル

「メインビジュアル」とはキービジュアルとも呼ばれるもので、ユーザーがサイトにアクセスしたときに最初に目に付く最も目立つ部分に配置する画像のことです。ユーザーにサイトの第一印象を与えるとても重要な要素です。画像だけのものや、画像の上にユーザーの目を引くキャッチコピーを掲載しているものがあります。

メインビジュアルに載せるキャッチコピーの内容は、サイトゴールとターゲットユーザー、ペルソナを思い出して訴求力のあるものを考案する必要があります。

メインビジュアルとして従来は、静止画を1枚掲載することが普通でしたが、最近では複数の画像を自動切り替えするスライドショーや、動画を自動再生するものが増えています。

●PCサイトとモバイルサイトの静止画の例

●PCサイトのスライドショーの例

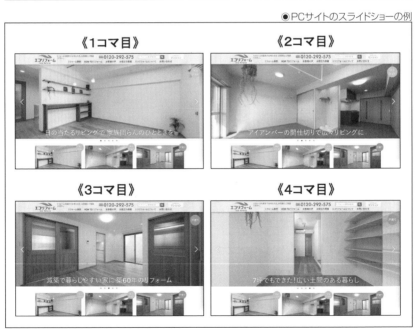

2-6-3 ◆ 見出し

　見出しとは、記事内容がひと目でわかるように、文章のまとまりの上に記述する簡単な言葉、標題、タイトルのことをいいます。

　見出しの書き方は、段落で書かれている内容がひと目でわかるように文章のまとまりの要点を非常に短い言葉にまとめ、本文より大きな字か、太字で記述することです。見出しを工夫することにより、本文の文章をユーザーが読みやすくなるため、とても重要な情報要素です。

　見出しには、「大見出し」「中見出し」「小見出し」の3種類があります。

①大見出し

　大見出しとは、その記事全体に何が書かれているかを示すもので、1つのページの冒頭に原則として1回だけ使用します。

②中見出し

　中見出しは、文章量が多い記事に付ける見出しです。1つのページに複数回書くことができます。中見出しには文章量が多くても、読者の目を引き付けながら、記事の内容を伝わりやすくする効果があります。中見出しだけを流し見して読むか読まないかを判断する人も多いのでできるだけユーザーの注意を引く書き方が望まれます。

③小見出し

　小見出しは、中見出しをさらに細分化した見出しです。小見出しは中見出しの内容をさらに詳しく説明するときに使います。

　下図の例はコラム記事の大見出し、中見出し、小見出しの例です。

●コラム記事の大見出し、中見出し、小見出しの例

花粉症とはどのような病気か　【大見出し】

1．花粉症とは　【中見出し】
2．花粉症の症状　【中見出し】
2-1．鼻の症状　【小見出し】
2-2．目の症状　【小見出し】
2-3．その他の症状　【小見出し】
3．花粉症の原因と理由　【中見出し】
3-1．スギの植林　【小見出し】
3-2．大気汚染の影響　【小見出し】
3-3．食生活の欧米化　【小見出し】
3-4．住宅環境の変化によるダニ・カビの影響　【小見出し】
3-5．その他　【小見出し】
4．おわりに　【中見出し】

　この構成をもとに作成したのが次の図のページです。

花粉症とはどのような病気か

医学博士 三島 治（横浜な明水呼吸器内科・内科クリニック理事長）

最終更新日 2022年07月19日

厚生労働省の発表によると、日本国民の2割
います。

毎年不快な症状に悩まされている人は、少
るでしょうし、今は問題なくても「自分も
人もいるでしょう。

まずは花粉症とはどのような病気なのかを
ょう。

目次 [表示]

1. 花粉症とは

花粉症とは、スギやヒノキなどの植物の花
って、くしゃみ、鼻水、目のかゆみ等の方
スギ花粉は2月～4月、ヒノキ花粉は3月～5
症状が現れます。一日の中では、最前から
が高い日、風が強い日、雨上がりの翌日に

スギやヒノキ以外にも、シラカンバ、ハン
などの植物で花粉症が引き起こされること
季節でも症状が現れます。オリーブ栽培が
による花粉症も見られます。

【参考情報】『花粉の種類と説明』東京都アレル
https://www.fukushihoken.metro.tokyo.lg.jp/allergy/bz

2. 花粉症の症状

花粉症の症状が現れやすいのが、鼻と目で

2-1. 鼻の症状

鼻の三大症状と言われるのは、くしゃみ、鼻
ような症状が現れますが、熱がなく、鼻水の
週間以上続いていたら、花粉症の可能性が高

2-2. 目の症状

目の三大症状と言われるのは、目のかゆみ、
ンズを着けていると、レンズに花粉がついて
れたらメガネに切り替えましょう。

2-3. その他の症状

体がだるい、熱っぽい、イライラする、
どの症状が現れることがあります。

◆「花粉症と似ている病気」について＞＞

3. 花粉症の原因と理由

私たちの体には、細菌やウイルスのような
組みが備わっています。しかし食べ物や花
ものが、免疫のシステムによって異物と認
する仕組みがはたらいて、くしゃみやかゆ

このように、体を守るための免疫が、逆に
ギー」といいます。花粉症もこのアレルギ
因となるヒスタミンという物質が観動かさ
快な症状が引き起こされます。

しかしスギやヒノキは、昔からたくさん生
花粉症で悩む人はほとんどいませんでした
症の人が増えたのでしょうか。考えられる

◆「カビと掃除の注意点」について＞＞

3-1. スギの植林

戦中・戦後に、資材や燃料として山や森の木が伐採されたこと、そして、戦後
の住宅建設などにより木材が不足したため、加工に便利なスギの木が大量に植
林されてた。

その頃植えられたスギが開花の時期を迎え、花粉の量が増えていると考えられ
ています。

【参考情報】『森林・林業とスギ ヒノキ花粉に関するQ&A』林野庁
http://www.rinya.maff.go.jp/rinn_rinyou/kafun/oanda.html

3-2. 大気汚染の影響

車や工場から排出される物質で汚染された大気の中に含まれる微粒子が、花粉
症の症状を出やすくしたり、症状を悪化させる作用を持つと考えられていま
す。

花粉と結びついてスギ花粉の飛散量はほぼ同じで、自動車交通量の多い地域と
少ない地域を比べたところ、交通量の多い地域の方がスギ花粉症患者が多いと
いう報告もあります。

【参考情報】『ディーゼル排気機微子が スギ花粉症状病変におよぼす影響』小林隆弘、黄柳元、
飯島麻菜子
https://www.env.go.jp/chemi/report/h16-13/02_2_1.pdf

3-3. 食生活の欧米化

アレルギーの発症には、腸内環境が深くかかわっています。アレルギーを抑
えるためには、私たちの住む「善玉菌」を増やし、腸内環境を整えること
が大切です。

昔ながらの和食には、善玉菌を増やす食物繊維や発酵食品が豊富に含まれてい
ます。しかし現代は、食生活の欧米化やファストフードの普及により、毎日の
食事で善玉菌を増やす機会が減っています。

また、青魚に含まれるEPA・DHAなどのオメガ3系脂肪酸は アレルギー症状
の改善に効果があるといわれていますが、現代人は昔に比べて青魚をあまり食
べなくなったことあり、このオメガ3系脂肪酸の摂取量が圧倒的に不足して
います。

◆「オメガ3系の治」について＞＞

3-4. 住宅環境の変化によるダニ…

ダニのフンや死骸、カビを含んだハウスダス
みがそれらを異物と判断して、花粉症をはじ
やすくなります。

昔の日本の家は、窓や戸を締めののっていて
たが、現代の家は気密性が高くなっていま
同じような温度が保たれていることから、
くなっています。

◆「カビと掃除の注意点」について＞＞

3-5. その他

アレルギーの症状は自律神経と深くかかわ
生活も、花粉症を招く一因となります。

睡眠不足や過労で、自律神経のしくみがう
下して、花粉症をはじめとしたアレルギー

4. おわりに

今後、地球温暖化の影響で、花粉の飛散数がさらに増加すると予想されていま
す。

【参考情報】『Projected climate-driven changes in pollen emission season length and magnitu
de over the continental United States』nature communications
https://www.nature.com/articles/art1467-022-28764-0

メガネやマスクなどで花粉を防止したり、こまめに掃除をすることで家の中の
花粉を減らすとともに、できるだけ疲れやストレスを溜めない生活を心掛けま
しょう。

既に花粉症に悩まされている人は、症状が軽いうちから治療を受けると有効な
ので、アレルギーに対応している病院を受診してみましょう。

◆「花粉症の治療」について＞＞

気になる症状でお悩みではありませんか？

ご予約・ご相談ダイヤル
045-306-8026

受付時間　＜午前＞月曜～日曜　9:00～11:30
　　　　　＜午後＞月曜～金曜 15:30～18:00
　　　　　土日祝日　14:00～16:30

記事を書く前にページのタイトルとして大見出しを考え、その後その記事内で伝えない大枠の事柄を中見出しとして書き出します。そして中見出しの中に複数の伝えたい事柄があるときにそれらを小見出しとして書き出すと記事のライティングがしやすくなります。

　次の例は歯科医院のトップページの大見出し、中見出し、小見出しの例です。

●歯科医院のトップページの大見出し、中見出し、小見出しの例

あなたに優しい無痛治療の歯科医院　【大見出し】

1. Trouble あなたのお悩みは？【中見出し】
2. Treatment Menu 診療メニュー【中見出し】
3. Philosophy 当院の理念【中見出し】
4. Feature 当院の特徴【中見出し】
4-1. 痛みの少ない治療への取り組み【小見出し】
4-2. 患者様の立場になって治療を行います【小見出し】
4-3. 常に新しい技術を取り入れています【小見出し】
4-4. 自分や家族が受けたい治療をします【小見出し】
4-5. 予防・メンテナンスに力を入れています【小見出し】
4-6. インフォームドコンセント(説明と同意)を最重要視【小見出し】
4-7. 夜8時まで毎日診療(月～土)【小見出し】
4-8. 大阪駅・梅田駅から徒歩3分の歯医者です【小見出し】
4-9. 最新設備の導入【小見出し】
4-10. 外来環を取得している【小見出し】
5. DOCTOR'S MESSAGE メッセージ【中見出し】
6. News お知らせ【中見出し】
7. ACCESS【中見出し】

　この構成をもとに作成したのが次の図のページです。

このトップページの例では、大見出しはテキストで書かずに、メインビジュアルの中に書き込んでいます。

トップページの場合は、このようにメインビジュアルの中に大見出しを書き込むとメインビジュアル自体がユーザーの目を引く存在なのでユーザーに読んでもらいやすくなります。

2-6-4 ◆本文

良質なユーザー体験を提供するための重要なポイントの1つが本文のテキストを読みやすくデザインすることです。

本文のテキストを読みやすくするためには行間、字下げ、改行の取り扱いに注意することです。

①行間

行間とは、行と行の間隔のことです。行間が詰まっていると、文字がごちゃごちゃに見えてしまい読みにくくなります。

印刷物の場合もウェブページの場合も、適切な行間は、文字サイズの50%〜100%前後（0.5文字〜1文字分）といわれています。

《行間0%》

> 日本国内においては、2010年まで独自の検索エンジンYST(Yahoo!Search Technology)を使用していたYahoo! JAPANはYSTの使用をやめて、Googleをその公式な検索エンジンとして採用しました。
> それは、Googleの絶え間ない検索結果品質向上の努力が認められたからに他なりません。今日では日本国内の検索市場の90%近くのシェアをGoogleは獲得することになり検索エンジンの代名詞とも言える知名度を獲得しました。
> このことにより日本国内ではGoogleに対するSEOを実施することは、同時にYahoo! JAPANのSEOも実施することになります。

《行間50%》

> 日本国内においては、2010年まで独自の検索エンジンYST(Yahoo!Search Technology)を使用していたYahoo! JAPANはYSTの使用をやめて、Googleをその公式な検索エンジンとして採用しました。
> それは、Googleの絶え間ない検索結果品質向上の努力が認められたからに他なりません。今日では日本国内の検索市場の90%近くのシェアをGoogleは獲得することになり検索エンジンの代名詞とも言える知名度を獲得しました。
> このことにより日本国内ではGoogleに対するSEOを実施することは、同時にYahoo! JAPANのSEOも実施することになります。

《行間100%》

> 日本国内においては、2010年まで独自の検索エンジンYST(Yahoo!Search Technology)を使用していたYahoo! JAPANはYSTの使用をやめて、Googleをその公式な検索エンジンとして採用しました。
> それは、Googleの絶え間ない検索結果品質向上の努力が認められたからに他なりません。今日では日本国内の検索市場の90%近くのシェアをGoogleは獲得することになり検索エンジンの代名詞とも言える知名度を獲得しました。
> このことにより日本国内ではGoogleに対するSEOを実施することは、同時にYahoo! JAPANのSEOも実施することになります。

第5章
デザインカンプ

②1行あたりの文字数

各行に掲載させれている文字数が多すぎると、横への視線移動が長くなりユーザー体験が悪化します。

大手の人気サイト、人気サービスのPC版のウェブページを調べると1行あたりの文字数は、全角で34文字～50文字のところがほとんどです。

モバイルサイトのウェブページは機種によって若干変動しますが、iPhone 14で調べたところ22文字～26文字がほとんどでTwitterだけが16文字です。

1行あたりの文字数は、PCサイトは34文字～50文字で、モバイルサイトは22文字～26文字を目安にするとよいでしょう(半角は2文字で1文字扱いです)。

● 人気サイト・人気サービスの2023年現在のPCサイトとモバイルサイトの1行あたりの文字数

サイト名	PCサイト	モバイルサイト(iPhone 14で確認)
Yahoo!ニュース	40文字	23文字
読売新聞オンライン	40文字	22文字
日本経済新聞	38文字	22文字
東洋経済オンライン	44文字	26文字
CanCan.jp	40文字	24文字
tenki.jp	43文字	23文字
Amazonのレビュー投稿欄	49文字	24文字
note	34文字	23文字
Twitter	34文字	16文字
Facebook	43文字	23文字

③字下げ

　字下げ(じさげ)とはインデントとも呼ばれるもので、行の先頭に空白を入れて、行の開始位置を横にずらすことをいいます。文書を作成する上で字下げを使う本来の目的は、段落の始まりを示すことです。

● 字下げがある段落とない段落の例

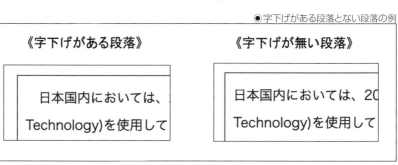

　ウェブページでは段落の始まりを示すのは空白行を入れることが主流なため、字下げをする必要はありません。そのため、ほとんどのウェブページの段落の開始部分では字下げはされず、段落開始部分の上に空白行を入れています。

　紙媒体の販売が本業である新聞社や雑誌社のサイトでは字下げをしているケースがありますが、その他のサイトではほとんど字下げはしていません。段落の始まりを示す方法としては、段落と段落の間に空白行を入れましょう。

日本国内においては、2010年まで独自の検索エンジンYST(Yahoo!Search Technology)を使用していたYahoo! JAPANはYSTの使用をやめて、Googleをその公式な検索エンジンとして採用しました。

それは、Googleの絶え間ない検索結果品質向上の努力が認められたからに他なりません。今日では日本国内の検索市場の90%近くのシェアをGoogleは獲得することになり検索エンジンの代名詞とも言える知名度を獲得しました。

このことにより日本国内ではGoogleに対するSEOを実施することは、同時にYahoo! JAPANのSEOも実施することになります。

④改行

　ウェブページで文章を書くときは、文章の途中で改行をしないほうがよいです。ウェブページはユーザーが使用するデバイスやブラウザによってページの幅や、フォントの大きさが異なるため、作者の意図した位置で改行されるとは限らないからです。

●PC版のブラウザでの見え方の違い

《ノートパソコンのChromeブラウザで見たページ》

日本国内においては、2010年まで独自の検索エンジンYST(Yahoo!Search Technology)を使用していたYahoo! JAPANはYSTの使用をやめて、Googleをその公式な検索エンジンとして採用しました。

それは、Googleの絶え間ない検索結果品質向上の努力が認められたからに他なりません。今日では日本国内の検索市場の90%近くのシェアをGoogleは獲得することになり検索エンジンの代名詞とも言える知名度を獲得しました。

このことにより日本国内ではGoogleに対するSEOを実施することは、同時にYahoo! JAPANのSEOも実施することになります。

《ノートパソコンのFirefoxブラウザで見たページ》

日本国内においては、2010年まで独自の検索エンジンYST(Yahoo!Search Technology)を使用していたYahoo! JAPANはYSTの使用をやめて、Googleをその公式な検索エンジンとして採用しました。

それは、Googleの絶え間ない検索結果品質向上の努力が認められたからに他なりません。今日では日本国内の検索市場の90%近くのシェアをGoogleは獲得することになり検索エンジンの代名詞とも言える知名度を獲得しました。

このことにより日本国内ではGoogleに対するSEOを実施することは、同時にYahoo! JAPANのSEOも実施することになります。

第5章
デザインカンプ

《 iPhone 13 miniのSafariブラウザ》　《iPhone 13のSafariブラウザ》　　《 iPhone 13 pro max のSafariブラウザ》

日本国内においては、2010年まで独自の
検索エンジン
YST(Yahoo!Search Technology)を使用
していたYahoo! JAPANはYSTの使用をや
めて、Googleをその公式な検索エンジン
として採用しました。

それは、Googleの絶え間ない検索結果品
質向上の努力が認められたからに他なりま
せん。今日では日本国内の検索市場の
90%近くのシェアをGoogleは獲得するこ
とになり検索エンジンの代名詞とも言える
知名度を獲得しました。

このことにより日本国内ではGoogleに対
するSEOを実施することは、同時に
Yahoo! JAPANのSEOも実施することにな
ります。

その他の有力検索エンジンと市場シェア

また、検索市場シェアの残りを占めるマイ
クロソフト社が運営するBingという検索
エンジンがありますが、Googleの技術を
参考にしているためGoogleで上位表示
すればBingでも上位表示する傾向があ

日本国内においては、2010年まで独自の検
索エンジン
YST(Yahoo!Search Technology)を使用し
ていたYahoo! JAPANはYSTの使用をやめ
て、Googleをその公式な検索エンジンとし
て採用しました。

それは、Googleの絶え間ない検索結果品質
向上の努力が認められたからに他なりませ
ん。今日では日本国内の検索市場の90%近
くのシェアをGoogleは獲得することになり
検索エンジンの代名詞とも言える知名度を獲
得しました。

このことにより日本国内ではGoogleに対す
るSEOを実施することは、同時に
Yahoo! JAPANのSEOも実施することにな
ります。

その他の有力検索エンジンと市場シェア

また、検索市場シェアの残りを占めるマイク
ロソフト社が運営するBingという検索エン
ジンがありますが、Googleの技術を参考に
しているためGoogleで上位表示すれば
Bingでも上位表示する傾向があります。

日本国内においては、2010年まで独自の検索エ
ンジンYST(Yahoo!Search Technology)を使用し
ていたYahoo! JAPANはYSTの使用をやめて、
Googleをその公式な検索エンジンとして採用しま
した。

それは、Googleの絶え間ない検索結果品質向上の
努力が認められたからに他なりません。今日では
日本国内の検索市場の90%近くのシェアを
Googleは獲得することになり検索エンジンの代名
詞とも言える知名度を獲得しました。

このことにより日本国内ではGoogleに対する
SEOを実施することは、同時にYahoo! JAPANの
SEOも実施することになります。

その他の有力検索エンジンと市場シェア

また、検索市場シェアの残りを占めるマイクロソ
フト社が運営するBingという検索エンジンがあり
ますが、Googleの技術を参考にしているため
Googleで上位表示すればBingでも上位表示す
る傾向があります。

米国においては、Bingの市場シェアが少しずつ成
長しています。理由は、米国のYahoo!がBingを

　無理やり改行すると作者が想定していない環境でページを閲覧する
ユーザーは、中途半端な位置で文章が改行された非常に読みにくい文章
を見ることになるので、文章の途中での改行の指定は避けましょう。

● 改行が読みにくい例

日本国内においては、2010年まで独自の検索エンジンYST(Yahoo!Search
Technology)を使用していた
Yahoo! JAPANはYSTの使用をやめて、Googleをその公式な検索エンジンとして採
用しました。
それは、Googleの絶え間ない検索結果品質向上の努力が認められたからに他なりま
せん。今日では日本国内の
検索市場の90%近くのシェアをGoogleは獲得することになり検索エンジンの代名
詞とも言える知名度を獲得
しました。
このことにより日本国内ではGoogleに対するSEOを実施することは、同時に
Yahoo! JAPANのSEOも実施
することになります。

⑤フォントの種類

　ウェブページに掲載されるテキストは何らかのフォントが適用された書体で表示されます。フォントの種類は大きく分けて欧文書体と和文書体があります。欧文書体には、セリフ体とサンセリフ体の2つの系統があります。

　セリフ体は、文字の始めと終わりに「セリフ」と呼ばれる装飾があります。セリフ体は縦の線が太く、横の線が細いのが特徴です。

　セリフ体は装飾性が高いため、上品な印象を与える形状で、新聞や書籍などの本文に使用されることが多いフォントです。

　比較的多くのデバイスやブラウザで対応しているセリフ体としては、GEORGIA、Times New Roman、Baskerville、Bodoni MTなどがあります。

●セリフ体のフォント名とそれらを適用したテキスト例

系統	フォント名	見本
セリフ体	GEORGIA	Mr.Yamada has sold 1,234 Christmas cakes.
	Times New Roman	Mr.Yamada has sold 1,234 Christmas cakes.
	Baskerville	Mr.Yamada has sold 1,234 Christmas cakes.
	Bodoni MT	Mr.Yamada has sold 1,234 Christmas cakes.

　サンセリフ体は、線に装飾がなく、縦の線と横の線の太さが一定で力強い印象を与える形状です。視認性が高いため、多くのウェブページで使われています。

Cake

比較的多くのデバイスやブラウザで対応しているサンセリフ体としては、Arial、Helvetica、Calibri、Century Gothicなどがあります。

◉サンセリフ体のフォント名とそれらを適用したテキスト例

系統	フォント名	見本
サンセリフ体	Arial	Mr.Yamada has sold 1,234 Christmas cakes.
	Helvetica	Mr.Yamada has sold 1,234 Christmas cakes.
	Calibri	Mr.Yamada has sold 1,234 Christmas cakes.
	Century Gothic	Mr.Yamada has sold 1,234 Christmas cakes.

和文書体には明朝体とゴシック体の2つの系統があります。

明朝体は欧文書体の「セリフ」に相当するもので、横の線が細く、縦の線が太い書体で、文字の先端に「うろこ」と呼ばれる三角形の飾りがあります。毛筆のようなデザインなので和風のイメージを持ち、高級で優雅な印象を与えます。

◉明朝体のヒラギノ明朝を適用したテキスト例

第5章
デザインカンプ

130

比較的多くのデバイスやブラウザで対応している明朝体としては、ヒラギノ明朝、游明朝、リュウミン、MS P明朝などがあります。

●明朝体のフォント名とそれらを適用したテキスト例

系統	フォント名	見本
明朝体	ヒラギノ明朝	山田さんが作ったクリスマスケーキは1,234個売れた
	游明朝	山田さんが作ったクリスマスケーキは1,234個売れた
	リュウミン	山田さんが作ったクリスマスケーキは1,234個売れた
	MS P明朝	山田さんが作ったクリスマスケーキは1,234個売れた

ゴシック体は欧文書体の「サンセリフ」に相当するもので、横の線と縦の線の太さが同じで「うろこ」という装飾がなく、シンプルで力強い印象を与えます。視認性が高いため、多くのウェブページで使われています。

●ゴシック体の游ゴシックを適用したテキスト例

比較的多くのデバイスやブラウザで対応しているゴシック体としては、ヒラギノ角ゴシック、游ゴシック、メイリオ、Osakaなどがあります。

●ゴシック体のフォント名とそれらを適用したテキスト例

系統	フォント名	見本
ゴシック体	ヒラギノ角ゴシック	山田さんが作ったクリスマスケーキは1,234個売れた
	游ゴシック	山田さんが作ったクリスマスケーキは1,234個売れた
	メイリオ	山田さんが作ったクリスマスケーキは1,234個売れた
	Osaka	山田さんが作ったクリスマスケーキは1,234個売れた

ウェブサイト制作者側でフォントの種類を特に指定しない場合は、ユーザーがウェブページを見るブラウザで設定されているフォントタイプが自動的に適用されてテキストが表示されます。

　自動的に適用されるフォントは、欧文書体はサンセリフ系のフォントで、和文書体はゴシック体系のフォントです。

●ブラウザのChromeとFirefoxの設定画面

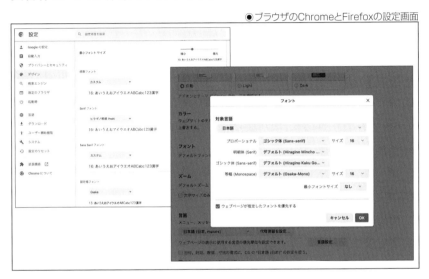

　ウェブサイト制作者側でフォントを指定する場合は第7章で説明するようにCSS（スタイルシート）で指定することができます。ただし、指定したフォントがユーザーの使うデバイスにインストールされていない場合は類似した別のフォントが適用されます。

　以上が、比較的多くのデバイスやブラウザで対応しているフォントの種類で、これらはシステムフォントと呼ばれます。

　システムフォントには含まれない個性的なフォントを使いユーザーに強いインパクトを与えたいという場合は、「Webフォント」を使うことが流行っています。Webフォントとは、ウェブページの見栄えを記述するCSS（スタイルシート）のバージョン3.0で新たに導入されたものです。あらかじめサーバー上に置かれたフォントやウェブ上で提供されているフォントを呼び出し、ページ中の文字の表示に利用する技術です。

ウェブサイトを設置するレンタルサーバー会社によっては高品質なWebフォントを無料で提供しているところがあります。

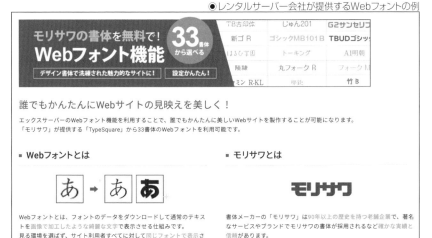

⑥フォントサイズ

　フォントサイズとは文字の大きさのことです。ウェブページにおいて推奨されるフォントサイズはPCサイトもモバイルサイトも16pxが基本とされています。しかし、子供向けのサイトや高齢者向けのサイトでは文字は大きいほうがユーザー体験が向上できるため17pxまたは18pxが推奨されています。

⑦文字の色

　本文の文字色は黒を使います。しかし、文字の色はすでに述べたように真っ黒な黒を使うと背景色が白い場合、ユーザーに目に負担をかけるので避けましょう。黒に少し白を入れて薄すぎず、濃すぎない黒を作り使用しましょう。

　アマゾン、楽天市場、日本経済新聞などの大手サイトではカラーコードでいうと「#333333」を使っているので、そのあたりの色が無難です。「カラーコード」とは色を一定の形式の符号で表したものです。

本文の文字色に黒を使用する理由は、ウェブが始まって以来、ほとんどのウェブサイトにおいてテキストリンク部分には青や濃い緑を使い、それ以外は黒を使うことが定着しているからです。本文に青や濃い緑を使うとユーザーが直感的にそれらをリンクであると認識してしまう恐れがあります。

また、強調したい文字に青以外の色を付けることは問題ありませんが、やりすぎると文章が読みにくくなります。強調したいところに色を付けるとしたら重要な部分を赤にするくらいにとどめておいたほうが無難です。

2-6-5 ◆ テキストリンク

メインコンテンツ内に掲載できるテキストリンクには次のものがあります。

①文中リンク

メインコンテンツ内に掲載する文章の中にある単語や語句をクリックすると他のページに飛ぶリンクを張ることができます。

文中にリンクを設定する場合は、リンク部分にだけ色を青や濃い緑にするなど、ひと目でリンクだとユーザーがわかる工夫が必要です。さらにリンク部分の色を変えるだけでなく、下線を引くようにするとユーザーにリンクであるということがもっとわかりやすくなります。

●メインコンテンツ内の文章の中にある文中リンクの例

> セミナー後のフォローとして、ご希望の皆様には、皆様の個別の問題に完全対応するための<u>無料お試しコンサルティング30分</u>をさせていただきます。そこでは講師があなたのサイトを拝見してあなたのサイトが今何をどうすれば良いのかをあなた自自身の手で出来ると思われる<u>診断・提案</u>を個別にさせていただき、セミナー参加後の効果をより確実なものに致します。

②段落直下のリンク

文中リンクは便利ですが、1つ欠点があります。それは文章を読むことに集中しているユーザーにはあまり目立たないことからリンクの存在を認識してくれなくなり、クリック率が低くなるということです。

メインコンテンツ内のテキスト情報を読んでいるユーザーの目に触れやすくする工夫として、段落のすぐ下に目立つビジュアルを設置し、その段落で述べている事柄に関連するページにリンクを張るというものがあります。

リンクテキストの文言は「・・・の続きを読む」というものにすると続きを読みたいと思うユーザーに見てもらえる可能性が増します。

● 段落直下のリンク例（1）

当初は弁護士1人でしたが、現在は、千葉市・柏市・東京都千代田区の3拠点体制となり、千葉県最大級の法律事務所となりました。日々当事務所を応援していただいているお客様や関係者の皆様には感謝の気持ちでいっぱいです。

法律問題の解決を通じてお客様の未来を幸せにするため、今後も所員一同で一層精進して参ります。お困りの法律問題がございましたらお問合せ下さい。

よつば総合法律事務所の理念と行動指針の続きを読む ＞

また、「合わせて読みたい」「関連情報」「参考情報」などという見出しを左端に載せて、リンク先のページのタイトルをリンク化するというものもあります。

● 段落直下のリンク例（2）

性格の相違は、どの夫婦にも多かれ少なかれあります。そのため、単なる性格の不一致だけではなく、性格の相違に起因するさまざまなトラブルが積み重なって婚姻が破綻するに至ることが必要です。

そのような場合は離婚を正当化する要素となります。

この性格の不一致は、大した理由ではないように考えられますが、数多くの離婚相談を受けていて、意外に多い類型であると感じています。

合わせて読みたい

性格の不一致で離婚できる？離婚を成立できたHさんの事例

2-6-6 ◆ 表

表は「テーブル」ともいわれ、縦横に線を描き、ユーザーが情報を理解しやすくするために整理するものです。

	スタート	エコノミー	スタンダード	ビジネス	エグゼクティブ
月額料金	￥3,000 /月	￥5,000 /月	￥9,000 /月	￥15,000 /月	￥25,000 /月
プラン特長	格安プラン 起業したばかりで電話がそれほどかかってこない方 プラン詳細をみる > お申込みはこちら >	シンプル 1日平均2回ぐらい電話がかかってくる方 プラン詳細をみる > お申込みはこちら >	リーズナブル エコノミーではビジネスチャンスを逃してしまう方 プラン詳細をみる > お申込みはこちら >	充実プラン 豊富な電話応対で快適にビジネスチャンスを拡げたい方 プラン詳細をみる > お申込みはこちら >	最強プラン 電話代行で出来ることは全て揃った快適かつ最強プラン プラン詳細をみる > お申込みはこちら >
電話応対時間	月〜金 9:00〜18:00	月〜金 9:00〜18:00	月〜金 9:00〜18:00	月〜金 9:00〜18:00	月〜金 9:00〜18:00
着信コール数 営業電話・間違え電話は除く	20件 /月	40件 /月	100件 /月	150件 /月	250件 /月
着信コール数超過分	￥180 /1件	￥160 /1件	￥120 /1件	￥100 /1件	￥80 /1件
初期費用・保証金	無料	無料	無料	無料	無料
30日間の完全返金保証	●	●	●	●	●

ウェブページ内で表を表現するには次の3つの方法があります。
- HTMLのタグだけを使って作成する
- HTMLのタグとCSSを一緒に使って作成する
- 画像で作成する

　HTMLのタグだけで作成するのが最も簡単ですが、装飾が少ないため地味なデザインの表になります。

●HTMLのタグだけで作成した表の例

都道府県	面積	人口	人口密度
愛知県	5,172km2	7,526,911人	1,455人/km2
東京都	2,193km2	13,742,906人	6,263人/km2
大阪府	1,905km2	8,831,642人	4,635人/km2

　HTMLのタグとCSSを一緒に使って作成するとCSSはウェブページを装飾するものなので、きれいで見やすいデザインの表を作ることができます。

都道府県	面積	人口	人口密度
愛知県	5,172km2	7,526,911人	1,455人/km2
東京都	2,193km2	13,742,906人	6,263人/km2
大阪府	1,905km2	8,831,642人	4,635人/km2

　画像で表を作成するとCSSを使ったとき以上に自由なデザインが可能になります。

◉画像で作成されたデザイン性が高い表の例

　しかし、画像で表を作るとユーザーが表の中のデータをコピーすることができないため、ユーザー体験が悪化する恐れがあります。また、Googleなどの検索エンジンも画像の内容を正確に認識することができなくなるので、SEO(検索エンジン最適化)に不利になる恐れがあります。

こうした理由から、最近ではHTMLのタグとCSSを一緒に使って表を作成するパターンが最も推奨されます（表の作成方法は本書の第6章で解説します）。

2-6-7 ◆ 画像

画像はページ内でユーザーの興味を引き上げ上でとても重要な情報要素です。ページ内で使用する画像の種類には次のものがあります。

①商品画像

メインビジュアルの他にウェブページで重要な役割を持つのが商品画像です。ページ内に豊富な数の商品画像を掲載することにより、ユーザーが商品のことを深く知ることになり購買率の向上が目指せます。

● 商品画像の例

電源ボタンの入切:

再度、電源ボタンを押してランプが点灯するかお試しください。

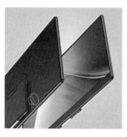

スピーカー内蔵
2つの2.0Wテレオススピーカーを内蔵しており、イヤホンをつなぐこともも可能です。本製品だけで臨場感あふれる映像視聴の環境が整います。

178°広い視野角
広い角度で視認性がよく、上下178°、左右178°の広い範囲でどの角度から見てもはっきりした鮮やかな映像があります。

高精細なビジュアル
IPS技術搭載のパネルはsRGBを100%カバーし、1200:1のコントラストを実現、正確な色を美しく再現します。

商品単体の写真だけではなく、商品をユーザーが利用している写真を載せると「自分もこうなりたい」とユーザー感じることで購買した後のイメージが湧きやすくなり購買率の向上が目指せるようになります。

　また、衣類の商品の場合、商品をユーザーが着用しているシーンを撮影した画像を掲載することも購買した後のイメージが湧きやすくなるため購買率の向上が目指せます。

●商品をモデルが着用している写真の例

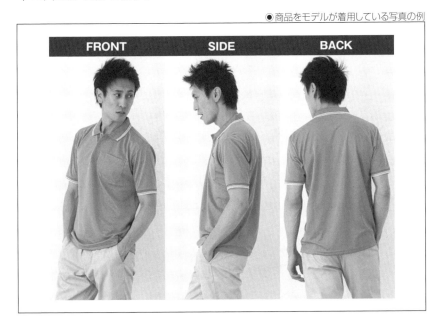

ただし、複数の同じサイズの画像をページ内に配置するとページが縦に長くなりすぎることがあります。このことを避けるために、1つの画像だけを全体表示して、その他の画像はサムネイル画像にし、サムネイル画像にマウスをもっていくと自動的に画像が切り替わる方式が近年増えています。

　サムネイル画像とは、ウェブサイトやSNS、YouTubeなどの動画サイトを利用する際に表示される小さいサイズの画像のことです。親指（サム）の爪（ネイル）のように小さい画像という意味からこのように呼ばれるようになりました。

●サムネイルで表示する商品画像の例

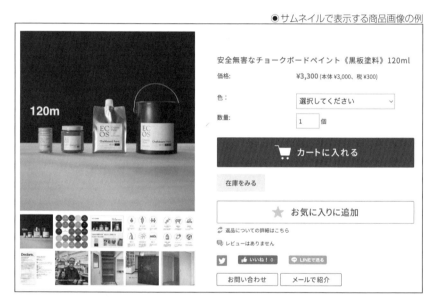

②リンク化された商品画像

　商品画像をクリックすると商品詳細ページへユーザーが遷移する画像リンクや、商品のサムネイル画像をクリックすると大きな商品画像がポップアップする画像リンクがあります。

《クリックすると詳細ページに飛ぶ画像リンクの例》

《商品のサムネイル画像をクリックすると大きな商品画像がポップアップする例》

③サービス提供イメージの画像

　商品を販売する物販ではないサービス業の場合は、サービスを提供している風景の写真を撮影してサイトに掲載すると、ユーザーに購買イメージを持ってもらいやすくなります。

◉サービス提供イメージの画像例

⑥ 仰臥位の検査

 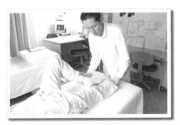

施術用のベッドに仰向けに寝ていただきます。
首の傾きや足の左右差、骨盤のねじれ等を調べることによって、身体の歪みを確かめます。ここでは、身体に触れて検査いたします。

④人物の写真

　代表挨拶のページの代表者の写真や、スタッフの集合写真を掲載しているサイトが多数あります。提供者の人物像を見せることによりサイトに信頼感を抱いてもらうことが目指せます。

● 工務店サイトの代表挨拶の写真例

これからも家造り好きの設計者として、住まいをつくってまいります。

私の少年の頃の夢はパイロットでした。でも、今ではこの仕事を天職だと思っています。私は本当に設計の仕事が好きで、古い建築物や古民家に触れるときには、それを建てた人の思いや建物を支えてきた木のすばらしさに胸が震えます。幼いときに祖父と共に木から箸をつくった記憶も、木に傾倒する所以かもしれません。

私は、きっと死ぬまで一生設計者であり続けるでしょう。お客様が望む暮らし方のできる家をつくる――今後もこの思いを心の中でまるで聖火のように燃やしながら、地域の皆様や社員と共に住まいづくりに携わってまいります。

この地に生まれ、この仕事にめぐり逢えたことに感謝しながら。

● のぼり制作会社のスタッフ紹介写真の例

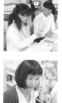

01
お電話窓口

全国のお客様から頂戴するお電話には、私たちが対応させて頂きます。分り易く、親切丁寧を心がけていますが、自分達も通販を利用する際、電話しても分かりにくいこともあったりするので、お客様にご理解いただけた時はとっても嬉しい気持ちになります。ご不明な点は、お気軽にお電話下さい。スタッフ一同、心からお待ちしております。

複数のスタッフの写真を掲載する際は、1人ひとりの写真がばらばらにならないように、顔の向きを合わせることや、同じ背景の写真を撮り、サイズも合わせる配慮をするとサイトの見栄えがよくなります。

◉ 複数のスタッフ紹介写真を掲載している例

⑤建物の写真

　企業の信用を高めるために店舗の外観や内装の写真を載せているサイトが多数あります。

◉ クリニックがあるビルの外観写真の例

⑥設備の写真

　店舗や工場で使用している設備の写真を撮影して掲載すると、企業の信用と商品・サービスの品質に対する信用力を高めることが目指せます。

●クリニックで使用している医療設備の紹介写真例

マイクロスコープ

高精度な診療のためのマイクロスコープで歯の細部まで鮮明で大きな視野で見ながら治療を行います。マイクロスコープを使用することにより治療の質を格段に上げることができます。

歯科用CT

レントゲンは二次元で撮影しますが、CTを使えば三次元で撮影することができます。インプラントや親知らずの抜歯等の外科処置を行う場合にCT撮影が必要になります。

iTero エレメント 5D プラス

Primescan(プライムスキャン)

⑦挿絵

　文中で説明している事柄を想像しやすくするために挿絵を入れているサイトも多数あります。

●挿絵の例

急に眠くなる悩みがある方へ

日頃、仕事で遅くなって睡眠時間が短くなることがあります。そんなとき、寝不足のため眠気を感じる、不覚にも机の作業中にウトウトしてしまうことは、よくあることです。

⑧説明図

　文中で説明している事柄を、詳しい図を用いて説明すれば、ユーザーに深い理解を促すことが可能です。

● インプラント構造の説明図の例

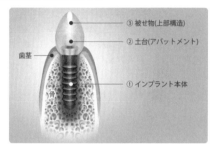

⑨概念図

　「概念図」とは、コンセプトマップとも呼ばれるもので、物事を説明する際に、話のあらましや事物の関係がわかるように描いた簡単な図のことをいいます。複雑な概念をわかりやすくするための手段として有効です。

● 概念図の例

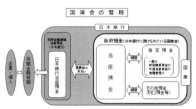

⑩相関図

　相関図とは、複数の物や複数の人物の関係を視覚化した図のことです。相続手続きなど複数の人物でやり取りが行われる事柄を説明するときにページに掲載するとユーザーが理解しやすくなります。

◉相関図の例

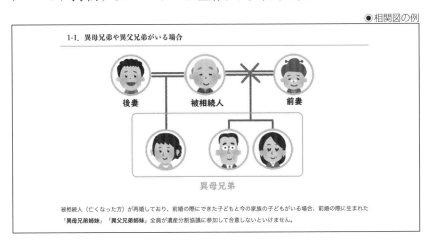

⑪流れ図

　「流れ図」とはフローチャートとも呼ばれるもので、一連の作業・工程・手続きや、それに伴う生産物・書類などの動きを、手順の進行に従った図式に表したものをいいます。

　複雑な手続きや、ユーザーが生涯で何度も利用しない未経験のサービスを受けるための流れを説明するのに適した画像です。

◉金融機関のサイトにある融資の流れ図の例

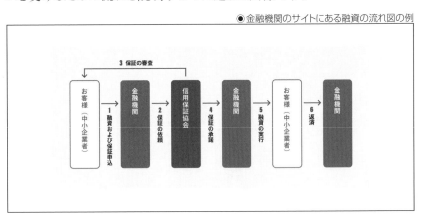

⑫組織図

　組織図とは、企業など組織の内部構造がひと目でわかるように示した図のことをいいます。企業や団体の規模が大きいことをアピールして信頼性を高めるのに役立ちます。

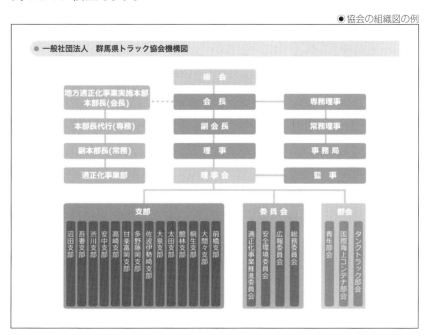

⑬インフォグラフィック

　「インフォグラフィック」(infographics)とは、わかりにくいデータや情報を整理、分析、編集して、イラストやグラフ、チャート、表、地図などでわかりやすく表現した画像のことをいいます。新しい概念や、複雑な事柄をユーザーに伝えるのに効果的です。

⑭アイコン

　「アイコン」とは、物事を簡単な絵柄で記号化して表現した画像のことです。複雑なイラストを使わずにアイコンを使って物事を説明したり、リンク化して別のページにユーザーを誘導するのに有効な画像です。

◉アイコンの例

⑮リンクボタン

　次のページを見てもらうためのリンクや、ユーザーに押してもらいたいお申し込みボタン、買い物かごに商品を入れるためのリンク、資料請求をするためのリンクなどがあります。

◉画像で作成されたリンクボタンの例

　しかし、近年では画像の使用を極力減らして、ウェブページの表示速度を高速化するためにリンクボタンには画像を使わずにCSS（スタイルシート）を使って表現することが流行しています。

　リンクボタンをCSSで表現すると、CSSのリンクボタンはほとんどの場合、立体的なものではなく、フラット（平面）なものなので、フラットなウェブデザインが流行している現在ではモダンな印象をユーザーに与えることが可能になります。

◉CSSで作成されたリンクボタンの例

⑯バナー画像

　「バナー」とは、英語で「旗」や「のぼり」という意味です。ウェブサイトにおけるバナーとは、ユーザーに見てほしいページの内容を端的に説明した画像リンクのことをいいます。

サイト内にある特定のページをユーザーに特に見てほしい場合は、バナー画像を作成してリンクを張ることがあります。また、広告主から広告料をもらって掲載する広告リンクもあります。

●バナー画像の例

⑰ファビコン

　「ファビコン」(favicon)とは、favorite icon(お気に入りのアイコン)を略した混成語で、サイト運営者がウェブページに設置するシンボルマークのことです。

　ファビコンを作成し、設定することで、複数のタブを開いて作業をしているときや、お気に入りやブックマークを開いたときに目印になります。自社サイトをひと目で識別してくれる重要な画像です。

　ファビコンのサイズはブラウザごとに推奨サイズが異なりますが、主なサイズは「16px×16px」「32px×32px」です。

●Chromeブラウザに表示されているファビコンの例

2-6-8◆動画

　動画をページ内に掲載することにより、ユーザーは大量の文章を読むよりも楽に情報を得ることが可能になります。また、動画をユーザーが視聴してくれた場合は、ユーザーのサイト滞在時間が長くなり、サイト滞在時間が長いサイトを高く評価するGoogleやYahoo! JAPANなどの検索エンジンでの上位表示に有利になります。

　こうした理由から近年、積極的にウェブページに動画を掲載するサイトが増加しています。

　企業が作る動画の種類は大きく分けると2種類あります。1つはウェブサイトの売り上げを増やすために作る「セールス動画」で、もう1つはユーザーに役立つ情報を無料で提供する「無料お役立ち動画」です。

　セールス動画には主に次の6種類があります。

①会社案内動画

　会社案内動画は、どのような企業なのかをユーザーに知ってもらうために、会社の理念や目的の説明、主力商品・サービスの紹介、店舗や事務所内の風景、そこで働く人たちのインタビューなどで構成される動画です。

●ウェブ制作会社の会社案内動画の例

②リクルート動画

　リクルート動画とは、企業の採用活動を推進するための動画で、職場で働く人たちの様子、研修風景、スタッフのインタビューなどが含まれるもので、企業の特徴を「働く人目線」で紹介する動画です。

● 協会のリクルート動画の例

③商品・サービス紹介動画

　セールス動画の中でも直接的に売り上げ増を目指す動画です。物販のサイトでは商品の紹介を、サービス業のサイトでは提供サービスの紹介をします。

● 商品・サービス紹介動画の例

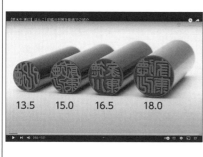

④商品・サービスの使い方紹介動画

　商品・サービスの単純な紹介ではなく、それらをどうやって活用すればユーザーが抱える課題を解決できるのかを紹介し、見込み客の購入の迷いを減らすための動画です。

●商品・サービスの使い方紹介動画の例

⑤お客様取材動画

　商品・サービスを利用した顧客の感想を取材する動画です。実際に商品・サービスを利用した顧客の目線での感想を見込み客に聞いてもらうことにより、購入の迷いを減らすのに役立つ動画です。

●お客様取材動画の例

⑥作品例紹介動画

　制作業、デザイン業、修理業、建築業などのサイトで最もユーザーに求められる情報の一つが事例集です。サービス提供者の売り込みの文句よりも、実際の結果を見たいというニーズに応えるものです。

●作品例紹介動画の例

　以上が、見込み客に直接商品・サービスのよさを伝える動画、求職者に会社の魅力を伝えるセールス動画です。

　セールス動画の他にもサイト内の無料お役立ちページであるコラム記事のページなどには誰でも無料で情報を得ることができる「無料お役立ち動画」を掲載するとサイトを訪れたユーザーのユーザー体験が向上します。

　無料お役立ち動画には主に次の3種類があります。

①ハウツー動画

　企業が作る無料お役立ち動画で一番見かけるのがユーザーが知りたい何かを説明するハウツー動画です。何かのやり方を説明する動画や、新しい概念の解説、何かの意味を解説する動画など多種多様なハウツー動画があり多くのユーザーたちに喜ばれています。

②ニュース動画

　次によく見かける企業が作る無料お役立ち動画は、業界の最新ニュースをその業界のプロが解説するニュース動画です。企業としての信用を高めるのに役立つだけでなく、定期的に新作動画を見てもらうことが目指せます。

●ニュース動画の例

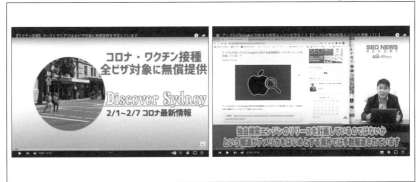

③エンタメ動画

　音楽コンテンツや映像コンテンツを販売している企業のサイトには、長編の音楽や映像の一部を無料で視聴できる無料版として切り出して掲載すると、ユーザーに楽しんでもらえるようになりユーザー体験の向上や、有料版の販売増に貢献することがあります。

　他にも、難しい事柄をユーモアを用いて解説してユーザーに楽しみながら学んでもらう動画も娯楽性があるエンタメ動画だといえます。

2-6-9 ◆ 音声

　ウェブページにはユーザーが音声を聞くために音声ファイルを埋め込むことができます。

　いかに音声の品質が高いかがユーザーの購入動機になる商材を販売しているサイトや、音声コンテンツを販売しているサイトには音声ファイルをウェブページに埋め込むか、YouTubeにアップした音声をページに掲載するとサイト上での購買率向上が目指せます。

　楽器や音響機器のような音楽に関する商品や、結婚式の司会や電話代行サービスのように声の品質が求められるサービスを提供しているサイトには特におすすめのコンテンツです。

　ウェブページに掲載する音声の種類には次のようなものがあります。

①BGM

　「BGM」(バックグラウンドミュージック)とは特定の空間や映像などの背景に、雰囲気を作り出すために小音量で流される音楽・音響のことをいいます。趣味のサイトや音楽をメインのコンテンツまたは商品として取り扱っているサイトでは、ユーザーがウェブページを見ると自動的にBGMが再生されるものがあります。BGM用のファイルは無料配布サイトで入手することが可能です。下記はその例です。

● フリー無料のBGM素材・音楽素材「甘茶の音楽工房」
　URL https://amachamusic.chagasi.com

②ナレーション

物事を説明するのに文字だけでなく、ナレーターが音声で行うことが可能です。

③音楽

音楽ファイルを配布しているサイトの中には、音声ファイルをウェブページに埋め込み、再生ボタンをクリックすると音楽が再生できるだけでなく、音楽ファイルをダウンロードして保存できるところがあります。また、音楽ファイルを販売しているサイトの中には、代金の決済が完了すると音楽ファイルを即時にダウンロードできるところがあります。

④サンプル・デモ

電話代行サービスを提供する会社ではサービスの品質をユーザーに知ってもらうために、電話応対の様子を録音して、ユーザーがサイト上で聞けるようにしているところがあります。他にも、結婚式の司会派遣サービスのサイトでは、デモンストレーション（実演）のために司会者が司会をしている様子を録音し、ユーザーが聞けるようにしているところもあります。

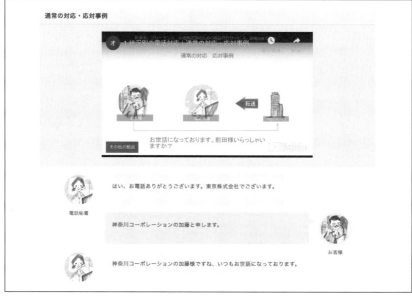

⑤無料お役立ち音声

　無料で、BGMファイルを配布するサイトや、デビュー前のミュージシャンや声優の音声ファイルを配布するサイトもあります。他にも、英会話の教材を無料で聞けるサイトもあります。

● 無料で英語の発音が学べるサイトの例

なお、最近では音声を音声ファイルではなく、動画ファイルとしてウェブページに掲載する例が増えています。そのため、必ずしも音声は音声ファイルを作成しなくても、YouTubeに投稿してそれをページに貼り付ければユーザーはYouTubeの動画を見る感覚で音楽を聞くことができます。

2-6-10 ◆ プログラム

ウェブページ上でユーザーがインタラクティブ（双方向的）に何かをすることができるプログラムもコンテンツです。

コンテンツとしてのプログラムには、自己診断ツール、自動見積もりツール、検索窓、フォーム、ユーザーログイン、予約機能、買い物かご機能などのようにさまざまなものがあり、これらをウェブページに埋め込むことができます。

比較的簡単なプログラムはJavaScriptなどのクライアントサイドプログラムでプログラミングされ、検索エンジンや予約システム、買い物かごのような複雑なプログラムはPHPなどのサーバーサイドプログラムでプログラミングされます。

●睡眠障害のセフルチェックプログラムの例

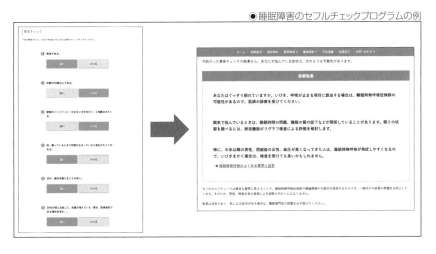

2-6-11 ◆ ソーシャルメディア

ウェブページ内に貼り付けるソーシャルメディアのパーツもコンテンツの1つです。

①ソーシャルボタン

ソーシャルボタンとは、ウェブサイトやブログなどのページに設置するソーシャルメディアに情報を拡散するためのボタンのことをいいます。

Twitter、Facebook、LINEなどのSNSの画像や、はてなブックマークなどのソーシャルメディアの画像を、メインコンテンツの上か下、または両方に掲載し、画像をクリックするとそのページのURLやタイトル、紹介文を他のソーシャルメディアのユーザーに知らせることが可能です。

ソーシャルメディアからの流入を増やすための有効なツールとして多くのサイトやブログに掲載されています。

●ソーシャルボタンの設置例

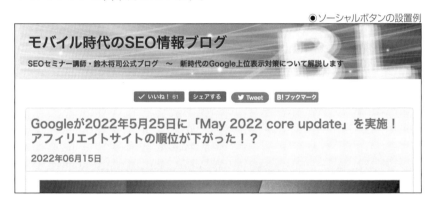

②ソーシャルメディアのロゴリンク

ソーシャルメディアのロゴリンクとは、ウェブページのフッター部分に掲載する、各種ソーシャルメディアへのリンク画像のことです。

ソーシャルメディアのロゴリンクをクリックするとそのサイト運営者が運営している各種ソーシャルメディアのアカウントページに飛ぶように設定されています。

●ソーシャルメディアのロゴリンクの設置例

　ソーシャルメディアのロゴリンクを設置することにより、サイト訪問者がそのサイトの情報を将来も取得したいと思ったときに画像をクリックしてフォローしてくれる確率が増します。

　また、サイト訪問者がサイトにある商品やサービスに興味を持った際に、サイト運営者が信頼できそうな企業かを確認するための情報源としても利用することができるものです。

　ロゴリンクをクリックしても、日ごろからソーシャルメディアへの情報投稿を怠っているとユーザーががっかりして、フォローをしてくれないということだけでなく、企業のイメージダウンにもなりかねないので、日ごろからこまめに情報を投稿することが求められます。

③タイムライン

　ソーシャルメディアにおけるタイムラインとは、SNSでのコメントやツイートを時系列に表示する画面のことで、ウェブページの中に貼り付けることが可能なものです。

タイムラインをウェブページのフッターあたりに貼り付けることにより、その企業の日ごろの活動をユーザーがチェックできるようになり、サイト運営者が信用できるかを判断する材料になります。

また、興味深い記事が投稿されているとそのSNSの他のページも見てくれるようになり、フォロワーが増えやすくなります。

●ソーシャルメディアのタイムラインの設置例

④LINE

LINE公式アカウントを開設すると、LINEのユーザーたちとメッセージのやり取りが可能になります。

近年では、お問い合わせフォームや電話を使わずに、LINEで問い合わせや商品の申し込み、レッスン、施術などの予約をするユーザーが増えています。こうした状況を無視することは大きな機会損失になります。

極力、自社でLINE公式アカウントを開設して、各ページのフッターあたりにLINEのお友達登録者を募集するロゴリンクを張ることや、「LINEで問い合わせ」「LINEで予約をする」などのリンクを張ることを心がけましょう。

●LINEで予約受け付けを募集する例

2-7 ◆ モバイルサイトのレイアウトを決める

PCサイトのデザインカンプができたら、モバイルサイトのデザインカンプも作成します。

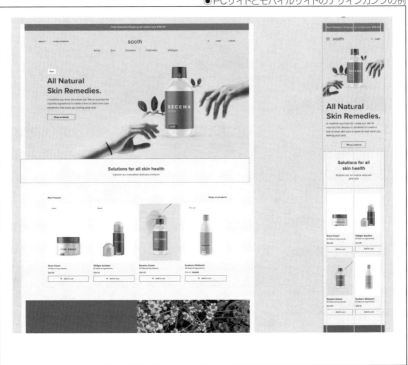

　このようにデザインカンプはユーザーに良質なユーザー体験を提供するために7つの手順を踏み完成されます。

　それによりウェブデザインが完成し、次の工程であるテキスト、画像、動画などの主要なコンテンツを載せる段階に入ります。

第6章

コンテンツ

　ウェブデザインが完成したら、メインコンテンツの領域にコンテンツを掲載します。テキスト、画像、動画が主なコンテンツです。本章ではテキストコンテンツを作るためのライティングテクニックの大枠と、画像と動画を作るツールの概要と使用方法の大枠を解説します。

　それにより、短時間でウェブサイトに載せるコンテンツ作成の全体像が見えてきます。

【STEP 8】コンテンツの作成

ウェブデザインが完成したら、メインコンテンツの領域にコンテンツを掲載します。テキスト、画像、動画が主なコンテンツです。

ユーザーはこれらのコンテンツを見るためにサイトを訪問します。ユーザーに良質な体験を提供するためにはコンテンツの作成に最大のエネルギーを注ぐ必要があります。

 # テキスト

まずはテキストコンテンツについて解説します。

2-1 ◆ テキストコンテンツの調達

ウェブサイトをウェブ制作会社に外注して作る場合、ウェブサイトに掲載するテキストコンテンツは、外注先のウェブ制作会社が作成してウェブサイトと一緒に納品してくれます。

◉外注先のウェブ制作会社が作成

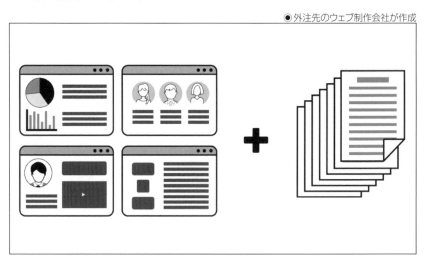

しかし、ウェブ制作会社は発注者の業界のことや発注者が提供する商品・サービスの特徴を必ずしも熟知しているわけではありません。効果的なテキストコンテンツを作成するためには、制作会社は発注者に取材をするか、原稿を発注者に書いてもらい、それを編集して1つひとつのウェブページに掲載していきます。

◉発注者に取材をする

　一方、ウェブサイトを社内で内製する場合、ウェブサイトに掲載するテキストコンテンツは、社内で作成するか、ライティング業務を請け負う外部のライターを探して書いてもらいます。

　この場合も、外部のライターは発注者の業界のことや発注者が提供する商品・サービスの特徴を必ずしも熟知しているわけではありません。そのため、外部のライターに取材をしてもらうか、メールなどで何度かやり取りをして打ち合わせをします。そして後日、テキストコンテンツを作成し、発注者に納品してもらいます。

◉外部ライターに依頼する

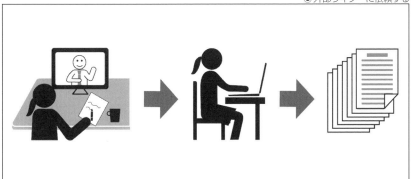

テキストコンテンツが必要なのはウェブサイトを新しく作るときだけでなく、作った後にも必要となります。サイトには新しい商品・サービスの販売ページや、コラム記事のページなどをなるべく頻繁に追加していかないとサイトのアクセス数が増えず売り上げが伸びないからです。

新しいページを増やそうとする度にウェブ制作会社やライターにテキストコンテンツの作成を外注するのは多くの外注費用がかかります。近年では、テキストコンテンツの良し悪しがサイトの売り上げを大きく左右することがわかるようになったため、年々ライティングの外注費用は上がってきています。

一昔前までは数千文字の原稿のライティング料金が5000円前後で調達できていたものが、最近では数万円から高いものになると10万円近くにまで値上がりしているということを見聞きするようになっています。

また、ライティング作業の外注は費用だけでなく納品されるまでの時間もかかります。社内でテキストコンテンツをライティングすれば、1日か、2日程度でできるものが、外注するとメールや電話、チャットなどでのやり取りが何回も行われ、実際にテキストコンテンツが納品されるのは発注してから何日もかかるのが普通です。混雑している場合は、1週間どころか、何週間も待たされることがあります。

こうした理由からウェブサイトを制作会社に納品してもらった後は、発注者が社内でライティングをするのがベストです。そうすることによりサイト運営費を節約できるだけでなく、短期間でのサイトへの反映が可能になります。

そのため、ウェブサイトをこれから持とうという企業も、すでに持っている企業もテキストコンテンツのライティングをするスキルが必要になります。

そしてそれはただ単にライティングができればよいというものではありません。サイトを見る見込み客が自社の商品・サービスを欲しいと思ってもらえるような文章でなければなりません。見込み客がページを読んだ後に、「読んでよかった」と思ってもらえるような文章のライティングスキルを習得することが必要です。

2-2 ◆ セールスページと無料お役立ちページ

ウェブページには見込み客に商品・サービスや企業のことを知ってもらい、申し込みという行動を起こしてもらうために作る「セールスページ」と、ウェブサイトの訪問者数を増やすために作る「無料お役立ちページ」の2種類の系統があります。

●セールスページと無料お役立ちページ

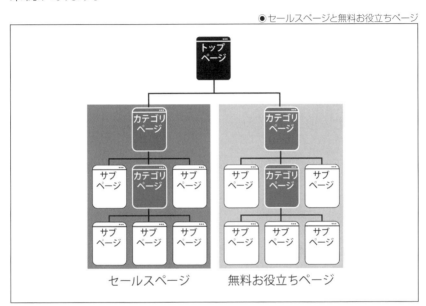

セールスページは売り上げ（セールス）に直結するページであるため、必ず作る必要があるページです。

無料お役立ちページはそれを見たユーザーが必ずしもそのまま商品・サービスを購入するものではないページですが、サイトのアクセス数を増やし、Googleなどの検索エンジンにサイトを高く評価してもらうのに必要です。Googleなどの検索エンジンにサイトを高く評価してもらうと検索順位が上がりやすくなります。

Googleなどの検索エンジンはさまざまな基準で検索順位を決めます。その中でも大きな要因の1つが、サイトがどれだけ人気があるかという「人気度」という基準です。

サイトがどれだけ人気があるかは、検索結果ページからどれだけ各サイトに検索ユーザーが訪問しているかで測定しているといわれています。

実際にGoogleが無償でサイト運営者に提供している「サーチコンソール」というツールではサイト内にある各ページが毎日どれだけ検索ユーザーに見られているかを示す合計クリック数やクリック率というGoogleが検索順位を決めるために集計しているデータを公開しています（無料お役立ちページの企画方法、制作方法については『ウェブマスター検定 公式テキスト 2級』で詳しく解説しています）。

●都内の歯科医院サイトのGoogle自然検索結果ページからのアクセス数のデータ

セールスページには、サイトのトップページ、商品・サービスの販売ページ、事例紹介ページ、企業案内ページ、Q&Aページ、買い物かご、予約フォーム、お問い合わせフォームなどがあります。

一方、無料お役立ちページには、サイトに設置したブログシステムに投稿するコラム記事ページ、基礎知識解説ページ、用語集ページなどがあります。

- セールスページ
- 無料お役立ちページ
- トップページ
- コラム記事ページ
- 商品・サービスの販売ページ

- 基礎知識解説ページ
- 事例紹介ページ
- 用語集ページ
- 企業案内ページ
- メールマガジン紹介ページ
- Q&Aページ
- メールマガジンバックナンバーページ
- 買い物かご
- リンク集
- 予約フォーム
- お問い合わせフォーム

　テキストコンテンツのライティングテクニックはセールスページと無料お役立ちページでは異なります。

　セールスページに必要なライティングテクニックは、見込み客にとって商品・サービスがなぜ必要なのか、それを利用するとどのようなベネフィットがあるのかなどの見込み客が知りたい要素をわかりやすく書くことです。「ベネフィット」(benefit)とは、物事から得られる便益、利益、恩恵のことを指します。これらは金銭的な意味だけでなく心理的なもの含まれます。

　無料お役立ちページに必要なライティングテクニックは、見込み客が疑問に思っていることへの答えを、悩んでいることへの解決案を的確にわかりやすく書くことです。

●解決策をわかりやすく書く

2-3 ◆ 全ページ共通のライティングテクニック

ここでは、どのページでも使えるライティングテクニックについて解説します。

2-3-1 ◆ ライティングのフレームワークを使う

セールスページでも無料お役立ちページでも、ウェブページに掲載する文章を書こうとするときに何をどのような順番で書いたらわからないという場合があります。そうしたときはライティングのフレームワーク（ビジネスの課題を解消したいときに役立つ思考の枠組み）を使って書くと書きやすくなることがあります。

ライティングのフレームワークには主に3つのものがあります。

①SDS法

SDSとは、Summary、Details、Summaryの略で、「要点」「詳細」「要点」を意味します。

SDS法では、最初に、ページ内で伝えたい要点（まとめ）を簡潔に述べて、その後、その詳細を一貫して具体的に述べます。そして最後に再度要点を繰り返します。要点が繰り返されることにより読者は読んだ内容を覚えやすくなります。

SDS法は、短時間で情報をわかりやすく伝えるニュースや自己紹介、スピーチなどで使われることが多いフレームワークです。

②PREP法

PREPとは、Point、Reason、Example、Pointの略で、「結論」「理由」「具体例」「結論」を意味します。

PREP法では、結論を最初に述べて、その理由を述べます。そしてその具体例を示して最後に再度結論を述べます。

PREP法で物事を説明をすると、論理的に聞こえるため、読者は一つずつ納得しながら話の流れが理解しやすくなるというメリットがあります。

SDS法

Summary
《要点》

Details
《詳細》

Summary
《要点》

PREP法

Point
《結論》

Reason
《理由》

Example
《具体例》

Point
《結論》

第6章
コンテンツ

③DESC法

DESCとは、Describe、Explain、Specify、Chooseの略で、「描写する」「説明する」「提案する」「選ぶ」を意味します。

DESC法では、最初に客観的に状況や事実を描写します。そしてそのことに対して自分がどう感じているかを説明します。それを受けて読者がどのように行動すべきなのかという解決策を提案します。最後に読者がどのような行動を取るかを選んでもらいます。

読者に自分の考えを押し付けることなく、読者を尊重することで納得感を抱いてもらいやすいフレームワークです。

なお、DESCのEがExpress（表現する）、SがSuggest（提案する）という理論も存在しますが、基本的な意味は同一です。

●DESC法

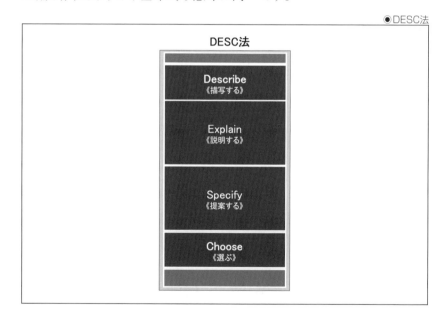

DESC法

Describe
《描写する》

Explain
《説明する》

Specify
《提案する》

Choose
《選ぶ》

2-3-2 ◆ 読者の状況に共感する

　ページの冒頭では自分が伝えたいことから書くのではなく、想定される読者が抱える問題、読者が置かれているつらい環境に「共感」する文章から書いて、読者からの信頼を得ることを優先しましょう。

　あらかじめ設定したターゲットユーザーやペルソナを思い浮かべながら、文章を書くために文章を書くのではなく、本気で読者の状況を改善したいという想いを持って文章を書きましょう。

●読者の状況に共感するページの冒頭部分

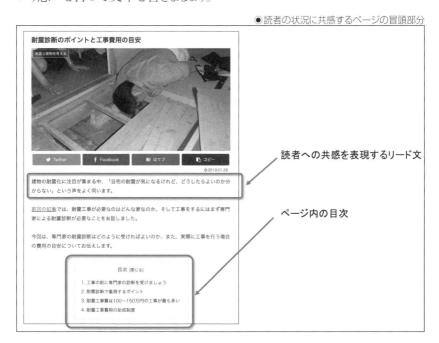

読者への共感を表現するリード文

ページ内の目次

2-3-3 ◆ 文字数が多い記事には目次を入れる

　文字数が数千文字以上あるような文字数が多い記事を書くときは、リード文の上か、下に目次を入れましょう。そうすることにより読者が前もってその記事に自分が知りたいことが書かれているのかを知ることができるので利便性が高まります。

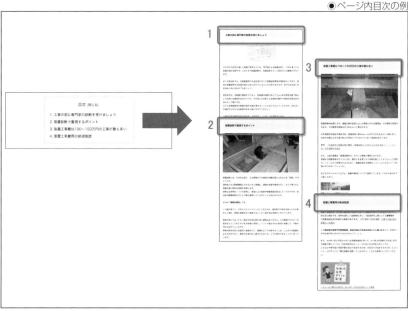

2-3-4 ◆ 目次に基づいて本文を書く

　目次を書いた後は、目次に書いた1つひとつの項目を記事内の中見出しや小見出しとして書きます。そしてそれらの見出しを説明する文章を各見出しの下に書いていくことにより、何を書けばよいのかが見えてきます。

●目次の内容と連動した記事内の中見出しの例

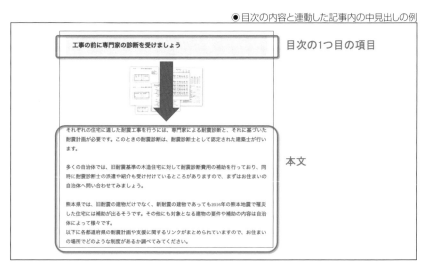

2-3-5 ◆ 長い文章を避ける

　長い文章があると読者の負担が増えて、記事を読むストレスが増します。長い文章は短い文章に切って読みやすくしましょう。

●長い文章を複数の短い文章に区切った例

多くの自治体では、旧耐震基準の木造住宅に対して耐震診断費用の補助を行っており、同時に耐震診断士の派遣や紹介も受け付けているところがありますので、まずはお住まいの自治体へ問い合わせてみましょう。

多くの自治体では、旧耐震基準の木造住宅に対して耐震診断費用の補助を行っております。

同時に耐震診断士の派遣や紹介も受け付けているところがありますので、まずはお住まいの自治体へ問い合わせてみましょう。

2-3-6 ◆ 難しい言葉使いを避けるか、使うときには但し書きを書く

　新しい言葉、難しい言葉が記事内にあると読者に伝えたいことが伝えにくくなります。そうした言葉を使うときは、その意味を文中で説明するか、段落の後にそれらの意味の説明を但し書きとして書きましょう。

●難しい内容をわかりやすく説明している例

無垢材は、繊維の間に空気を含んでいるので、熱伝導率が小さくなっています。このため、一度あたたまると冷えにくく、室内の温度を一定に保つ性質があります。

熱伝導率とは、物質が熱を伝える度合いを数値化したもので、木材の熱伝導率は0.15W/mK程度です。コンクリートの熱伝導率は約1.3W/mK、アルミニウムは約210W/mKとなっています。無垢材がいかに熱を伝えにくいか、おわかりいただけるかと思います。

2-3-7 ◆ 難しいことを説明するときはたとえ話を書く

　読者の視点に立って考え、少しでも難しいと思う事柄はたとえ話や、例を用いて説明しましょう。

結論から言うと、**見た目にこだわらなければ**、どこにでもコンセントを追加、増設することができます。

例えば、電気配線が見えたままの状態で、壁の外に10cmほどのコンセントボックスを露出させる方法であれば、ほとんどの場合コンセントの増設が可能です。しかし、常に配線やコンセントボックスが見えている状態なので、当然、あまり見栄えはしません。

露出した状態のコンセントボックス。こんなのが壁から飛び出していたら、気になりますよね。

2-3-8 ◆ 情報の根拠を明らかにする

主張の根拠は出典を明らかにするか、出典元のサイトに外部リンクを張り、事実だということを証明しましょう。

この認定基準には、損壊した床面積から割り出す「損壊割合」と、損壊した部位の施工価格などをもとにした「（経済的）損害割合」があり、この基準に基づいて各自治体の職員が判定します。

	全壊	半壊	
		大規模半壊	その他
①損壊基準判定 　住家の損壊、焼失、流失した部分の床面積の延床面積に占める損壊割合	70%以上	50%以上 70%未満	20%以上 50%未満
②損害基準判定 　住家の主要な構成要素の経済的被害の住家全体に占める損害割合	50%以上	40%以上 50%未満	20%以上 40%未満

（内閣府「災害に係る住家の被害認定の概要」より）

2-3-9 ◆ 画像を用いる

少しでも複雑な事柄は文章だけでなく、画像を用いてわかりやすく説明しましょう。

昔は1枚のガラスを枠にはめていましたが、現在は2枚または3枚のガラスをはめ込み、窓
の中に空気層を作ることで断熱性を上げています。ガラス自体に特殊な金属膜をコーティ
ングして断熱性を高めたLow-Eガラスもあります。

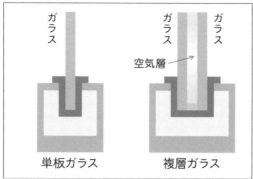

単板ガラスと複層ガラスを横から見たところ。

また、窓のフレームもアルミから熱伝導率の低い樹脂のフレームにすることで熱の流出が
大幅に抑えられます。

2-3-10 ◆ 詳細ページ、関連ページにリンクを張る

　ページ内で述べている事柄の詳細情報や関連情報はサイト内の別の
ページにリンクを張って別のページを読んでもらいましょう。それによりユー
ザーのサイト滞在時間を長くすることが目指せます。

大規模にリフォームしたい！というときに気になるのはその費用です。築年数の経った住
宅のリフォームでは、家の大きさや傷みがどれだけあるのかによって工事の費用が大きく
変わってきます。

一概に「この工事をしたらいくら」と提示することはできませんが、予算を立てる上での
一つの目安として、壁に断熱材を施工した場合には100万円〜と考えておくと良いでしょ
う。費用について詳しくは以下の記事も参考にしていただければと思います。

古い家リフォームの費用｜リフォーム費用とポイント

以上が、ウェブサイトに掲載するテキスト情報の書き方についてです。こうしたことの多くは学校では習いませんし、会社でも学ぶ機会が少ないのが現実です。最初からうまく書けることはなかなかありませんが、これまで説明してきたウェブライティングの原理原則やフレームワークを活用し、数をこなしていくうちに誰でも上達できるようになるはずです。

そしてそれを習得すれば、企業にとっては非常に貴重な人財になることができるはずです。

ウェブサイトの集客を成功に導くためのさらに詳しいセールスページのライティング方法は『ウェブマスター検定 公式テキスト 1級』で、無料お役立ちページのライティング方法は『ウェブマスター検定 公式テキスト 2級』で解説します。

3 画像

次は画像コンテンツについて解説します。

3-1 ◆ 画像コンテンツの調達方法

ウェブが始まったばかりのころはネット接続回線が細い（帯域が狭い）ため、ウェブページに画像をたくさん載せることはしていませんでした。画像をたくさん載せるとページの表示速度が遅くなり、ユーザーはウェブページを表示するのに長い時間、待たなくてはならなかったからです。

しかし、ブロードバンド接続や5Gなどの高速なインターネット接続環境が充実している現在ではそうした制約がほとんどなくなりました。

また、Instagramなどの画像主体のSNSが普及した影響のためか、Googleの検索結果ページにも多数の画像が表示されるようになっています。

PC版Googleの検索結果例　　**モバイル版Googleの検索結果例**

　サイトを閲覧するユーザーにとってもテキストだけのページよりも、画像が豊富なページのほうが内容がわかりやすくなりユーザー体験が向上することは明らかです。

　こうした理由により、近年では、ウェブサイトにはたくさんの画像が掲載されるようになってきています。そのため、ウェブサイトを制作するときにはあらかじめ各ページに画像を豊富に載せることが求められるようになりました。

ウェブサイトに掲載する画像を調達するには通常、次の4つの選択肢があります。

- ウェブサイトの制作を外注したときに、ウェブ制作会社に一緒に納品してもらう
- 画像だけを外注する
- 素材集を使う
- 独自に作成する

3-1-1 ◆ ウェブサイトの制作を外注したときに、ウェブ制作会社に一緒に納品してもらう

ウェブサイトを制作会社に外注する際には通常、各ページに掲載する画像の制作費用は制作費に含まれています。しかし、ユーザーにわかりやすいページを作ろうとすると、当初見積もった画像の数よりも多くの画像が必要になることが多々あります。

あらかじめ各ページにどのような画像が何枚必要なのかを発注前にある程度、厳密に見積もる必要があります。そうしないと当初の予算をオーバーしてしまうことや、予想以上に制作時間がかかりサイトの公開日に間に合わなくなるというトラブルが生じやすくなります。

3-1-2 ◆ 画像だけを外注する

ウェブサイトで使うロゴ画像やリンク画像、メインビジュアル以外に記事内で使用する説明画像やイメージ画像の中にはウェブ制作会社では作成できない特殊なものもあります。

そうした画像は、フリーランスのデザイナーやイラストレーターをランサーズやクラウドワークスなどのクラウドソーシングを使い募集し、個別に発注することがあります。

3-1-3 ◆ 画像素材サービスを使う

ウェブページで使用する、メインビジュアルや、記事内のイメージ画像などは、素材集を使うという選択肢があります。

画像素材サービスには無料のものと有料のものがあります。有料の画像素材サービスには、Adobe Stock、PIXTA、Shutterstock、iStock、Payless imagesなどがあります。料金体系は、1点につきいくらという個別購入と、毎月何点までダウンロードができるというサブスクリプション契約があります。

　サービスや個々の画像によって、画像を使用できる範囲が異なることがあるので画像の使用ライセンスについては注意を払う必要があります。

3-1-4 ◆ 独自に作成する

　画像を独自に作成するには画像ファイルの仕組みを理解して、社内に画像作成ができる人材が必要になります。

3-2 ◆ 画像ファイルの仕組み

　ウェブページに載せる画像ファイルには写真とイラストの2種類があります。

3-2-1 ◆ ラスター画像

　ウェブページに掲載する写真は、撮影した映像をラスター形式で保存して作成します。ラスター形式とは、ビットマップ形式とも呼ばれる画像のフォーマットで、単純に各ビットの配置と色情報がデータとして保たれているものです。

　そのため、画像を拡大するとドットの配置にゆがみが生じて輪郭にジャギと呼ばれるギザギザが発生し全体的にぼやけた画像になってしまいます。そして縮小すれば配色が失われます。そのため、ウェブページ上でサイズ変更や変形などの処理には適していません。

　写真を縮小する場合は、ウェブページに載せる前に画像編集ツールを使って事前に大きすぎる画像は縮小させてから保存し、ウェブページに掲載しましょう。

画像編集ツールを使っても、小さい写真を大きく拡大するとジャギと呼ばれるギザギザが発生しぼんやりした画像になるので、最初から解像度が高い大きめの写真を撮影、または入手しておいてそれを適切なサイズに縮小して保存しましょう。

●ラスター形式で保存した写真を拡大した様子

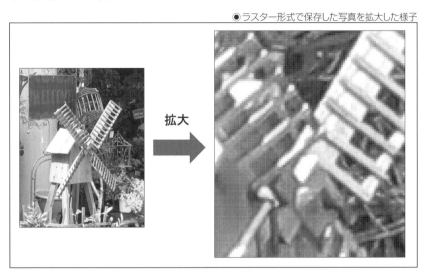

拡大

　ウェブサイトに掲載するラスター形式の画像フォーマットには、GIF、PNG、JPGがあります。

　ウェブサイトに掲載する写真の多くは色数が約1677万色あり圧縮効率が高いJPG形式で保存されたものです。JPGはJPEGとも呼ばれ「ジェイペグ」と発音します。

　GIF形式は色数が最大256色しかないため写真の保存には適していません。そのため、GIF形式で保存されるのは色数が少なくても問題がないイラストやロゴ、アイコンなどになります。

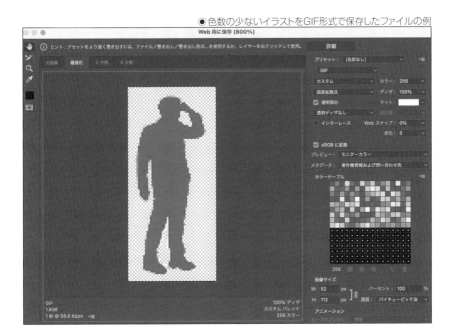

● 色数の少ないイラストをGIF形式で保存したファイルの例

　PNGにはPNG-8、PNG-24、PNG-32という3種類のフォーマットがあり、表現できる色数はPNG-8が256色で、PNG-24、PNG-32が1677万色です。PNG-32は表現できる色数がJPGと同じ1677万色あるので、写真をきれいに保存することはできます。

　しかし、写真をPNG-32形式で保存するとファイルサイズがJPG形式で保存したときと比べて非常に大きくなってしまい、画像の表示速度が遅くなります。

　そのため、GIFと同様にイラストやロゴ、アイコンの保存に適しています。

●PNG-32で保存したファイルの例

3-2-2 ◆ ベクター画像

　イラストは通常、ベクター形式で作成します。「ベクター形式」とは、画像を各頂点の座標データとして保持しており、表示されるごとに輪郭となる線の情報を演算処理（ラスタライズ）することで表現します。それにより画像のサイズ変更や変形をしても、それに応じた曲線が描き出されることになり画像の拡大をしても輪郭がなめらかになります。そのため拡大、縮小や、変形などの操作に適しています。

●ベクター形式で保存したイラストを拡大した様子

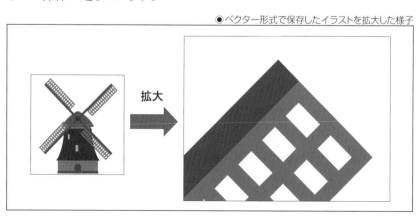

拡大

第6章
コンテンツ

ウェブサイトに掲載する画像は従来、ラスター形式のGIF、PNG、JPGで保存したファイルばかりでした。イラストは通常、ベクター形式で作成し、保存しますが、ウェブページに掲載するときには色数が少ないものはラスター形式のGIFかPNGで書き出して使用します。色数が多い複雑なイラストは圧縮率が高くて軽いJPG形式で書き出して使用します。

　「書き出す」とは、エクスポートとも呼ばれるもので、あるソフトウェアで作成・編集したデータを他のソフトが読み込める形式に変換したり、そのような形式でファイルに保存することを意味します。

　しかし、近年では、SVGという新しいフォーマットが普及するようになり、色数の少ないイラストやロゴ、アイコン等をベクター形式でウェブページに直接掲載することが可能になりました。

　SVG（エスブイジー）とはScalable Vector Graphicsの略でベクター形式というデータのため縮小表示や拡大表示をしても画像が劣化しないという特徴があります。最大の特徴は、点や線、塗りや透明の情報が数値化されているので、それらの数値をCSSやJavaScriptで変更することが可能なことです。近年、対応するブラウザが増えているため普及しつつあります。

●出力されたSVG形式の画像例

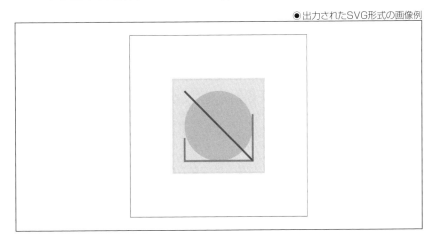

```
<?xml version="1.0" encoding="UTF-8" standalone="no"?>
<!DOCTYPE svg PUBLIC "-//W3C//DTD SVG 1.1//EN"
"http://www.w3.org/Graphics/SVG/1.1/DTD/svg11.dtd">
<svg width="391" height="391" viewBox="-70.5 -70.5 391 391"
 xmlns="http://www.w3.org/2000/svg"
 xmlns:xlink="http://www.w3.org/1999/xlink">
<rect fill="#fff" stroke="#000" x="-70" y="-70" width="390" height="390"/>
<g opacity="0.8">
  <rect x="25" y="25" width="200" height="200" fill="lime"
   stroke-width="4" stroke="pink" />
  <circle cx="125" cy="125" r="75" fill="orange" />
  <polyline points="50,150 50,200 200,200 200,100" stroke="red"
   stroke-width="4" fill="none" />
  <line x1="50" y1="50" x2="200" y2="200" stroke="blue"
   stroke-width="4" />
</g>
</svg>
```

●写真とイラストの作成時と書き出し時のファイル形式

種類	作成時のファイル形式	書き出し時のファイル形式
写真	ラスター形式	JPG
イラスト	ベクター形式	色数が少ない→GIF、PNG 色数が多い→JPG

3-3 ◆ 写真

画像コンテンツとして写真を準備する際のポイントなどについて解説します。

3-3-1 ◆ 写真の撮影

ウェブサイトに掲載する写真は可能な限り高品質なものを使用するべきです。特に、ウェブサイトの顔ともいえるトップページに使うものや、サブページのヘッダー部分で使うメインビジュアルの写真は、ユーザーの目に止まりやすいため高い品質が求められます。

そうした高い品質の写真を撮影するには高度な撮影技術が求められるため、写真の素人が撮影するのではなく、外部のプロのカメラマンか、社内で高度な撮影技術を持つ人材に依頼をするのがベストです。

しかし、サイト内のすべての写真を外部のプロのカメラマンに依頼する予算がない場合や、社内に撮影がうまい人材がいない場合には、それら主要な場所に掲載する写真以外ならばある程度品質に妥協をすることが許されます。

　そうした場合は、ネットで提供されている撮影レッスンの動画を見たり、撮影の入門書を購入し撮影方法を学ぶことが次善の策です。写真を撮影する際には少なくとも次のような基礎的な知識が求められます。

①カメラ

　スマートフォン、一眼レフ、またはミラーレスカメラで撮影します。最初から高額なカメラを購入するのではなく、まずはスマートフォンを使い撮影技術を高めてから高額なカメラを使用するとよいでしょう。

②フレーミング

　ファインダーを覗いて、被写体を配置する位置や、配色、ボケ具合などを決めてどう写真に写し込むかをフレーミング（構図）といいます。

③ライティング

　屋内で人物や商品を撮影する際に、被写体にあたる照明をコントロールすることをライティングといいます。白や銀のレフ板で光をコントロールすることや、ストロボのように瞬間的に強い光を放つもの、写真電球やLEDのように継続して明るく照らす定常光があります。

④ピント

　ピントとは、レンズの焦点のことをいいます。ピンボケをした写真を撮らないためにピントの合わせ方、自動的にピントを合わせるオートフォーカスの使用方法を知る必要があります。

⑤露出

　露出とは、写真を撮るときにカメラに取り込んだ光の量のことをいいます。光の量は絞りとシャッター速度で決定され、それにISO感度を組み合わせた結果、写真の明るさが決まります。

　こうした基礎的な点を動画によるレッスンや入門書を参考にして少しでも品質が高い写真を社内で撮影できるようにしましょう。それにより大幅な費用と制作期間の短縮が可能になります。

3-3-2 ◆ 写真の編集

　写真を撮影した後は、画像編集ツールを使って編集します。画像編集ツールには、『ウェブマスター検定　公式テキスト　4級』で紹介したようにパソコンにインストールをするPhotoshop（フォトショップ）やGIMP、ブラウザ上で利用できるPhotopea（フォトピー）、Canvaなどがあります。

　ここではウェブ制作の業界で最も使用されているPhotoshopで写真を編集する際の基本的な操作について解説します。

①レイヤー

　レイヤーとは透明なフィルムのようなもので、そこに画像やテキスト、その他のオブジェクトを個別に配置し、それらを重ね合わせることで1つの画像を作成するものです。他のレイヤーのコンテンツに影響を与えることなく、1つのレイヤーのコンテンツを移動、編集、操作することができます。

●5つのレイヤー（左）を重ねて1つの画像（右）が作られた例

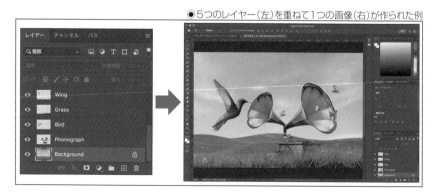

②移動ツール

「移動ツール」（　）を使うと選択したレイヤーの画像を好きな位置に配置
することができます。

● 移動ツールの利用例

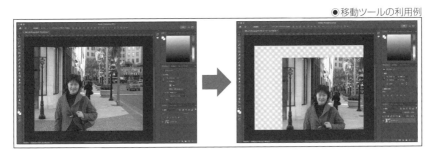

③選択ツール

「長方形選択ツール」（　）を使うと編集する範囲を長方形で指定でき
ます。

● 長方形選択ツールの利用

選択ツールには他にもフリーハンドで選択範囲を指定できる「わなげツー
ル」や、色に基づいて選択範囲を自動で選択できる「自動選択ツール」があ
ります。

● その他の選択ツール

④切り抜きツール

「切り抜きツール」（）を使用すると、指定した範囲を切り抜くことができます。

◉切り抜きツールの利用

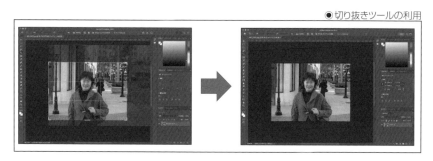

⑤スポイトツール

「スポイトツール」（）を使用すると、画像内の任意の場所から色を選び、その色で他の場所を塗りつぶすことができます。

◉スポイトツールの利用

⑥ブラシツール

「ブラシツール」（）を使うと、さまざまな色、太さで線を描くことができます。

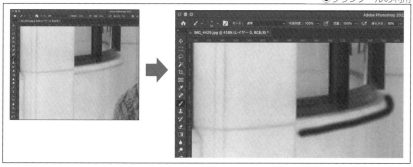

⑦消しゴムツール

「消しゴムツール」（）を使うと、指定した範囲を消して透明化することができます。

◉ 消しゴムツールの利用

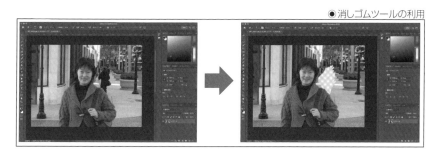

⑧ペンツール

「ペンツール」（🖊）を使うと、自由に直線や曲線が描けます。

◉ ペンツールの利用

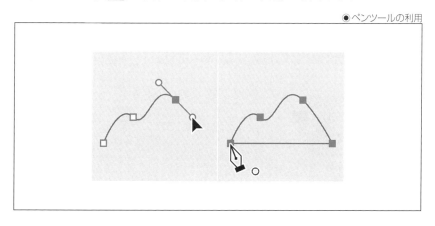

⑨テキストツール

　「テキストツール」（![T]）を使うと、画像の上に文字を書き込むことができます。テキストツールには「横書き文字ツール」や「縦書き文字ツール」などがあります。

●テキストツールの利用

●その他のテキストツール

⑩長方形ツール

　「長方形ツール」（![□]）を使用すると、長方形のオブジェクトを描画できます。描画ツールには他にも、「楕円形ツール」「三角形ツール」などもあります。

●描画ツールの利用

●その他の描画ツール

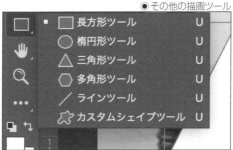

⑪色調補正ツール

　色調補正ツールを使うと、色を調整したり、鮮やかさを調整したり、明るさ、コントラストを調整するなど、さまざまな加工ができます。

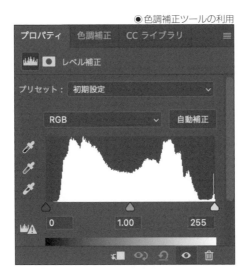

⑫フィルター

フィルターという機能を使うと、写真を水彩画や、パステル調に変えるなど、さまざまな効果を適用することができます。

● フィルター

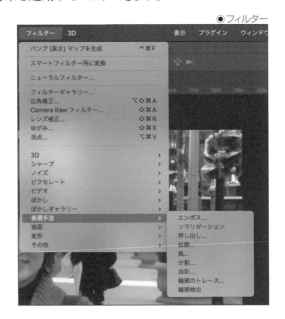

196

3-3-3 ◆ 写真を書き出す

　写真の編集が終わったら、ウェブページに載せる画像として書き出します。写真は通常、JPG形式で書き出します。JPG形式で書き出す際にはウェブページ上での表示速度をなるべく速くするために画質が大きく劣化しない程度に圧縮をしましょう。

◉写真の書き出し

3-4 ◆ イラスト

　ウェブサイトに掲載するイラスト作成ツールは、Illustratorが最も普及しています。ここではIllustratorで使う主要な機能の解説をします。

3-4-1 ◆ カンバスを選択する

　イラストは、「カンバス」(canvas)という白いドキュメントの上に描きます。適切なカンバスサイズを選択します。カンバスは「キャンバス」とも呼ばれることがあります。

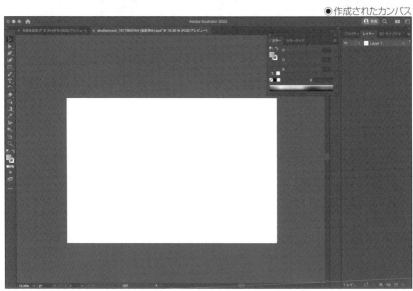

3-4-2 ◆ ペンツールを使ってイラストの輪郭を描く

カンバスが準備できたら、ペンツールを使ってイラストの輪郭を描きます。

◉輪郭の描写

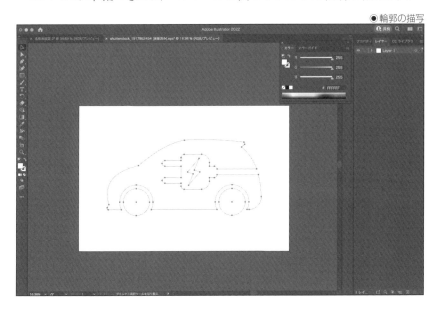

3-4-3 ◆ カラーパレットから色を選び着色する

イラストの輪郭ができたら、カラーパレットで色を選んで着色します。

◉着色

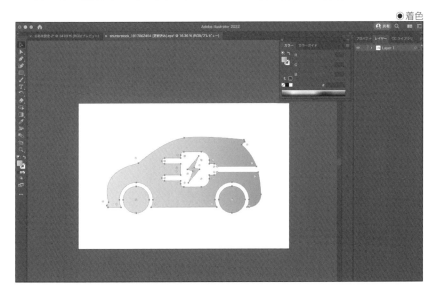

3-4-4 ◆ ツールバーを使う

IllustratorのツールバーはPhotoshopのツールバーと非常に似ており、選択ツール、スポイトツール、ブラシツール、消しゴムツール、ペンツール、テキストツール、長方形ツールなどの操作方法はPhotoshopと共通になっています。

●Illustratorのツールバー

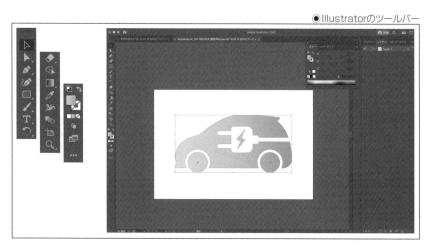

3-4-5 ◆ イラストを書き出す

イラストは色数が少ないものはGIF形式か、PNG形式で書き出し、色数が多い複雑なものは容量が軽くて表示速度が速いJPG形式で書き出すとウェブページに掲載したときに表示速度が遅くならずにユーザー体験の悪化を避けることができます。

4 動画

ここでは動画コンテンツについて解説します。

4-1 ◆ 動画コンテンツの調達方法

ウェブページで使用する動画も画像と同様にいくつかの選択肢があります。

- ウェブサイトの制作を外注したときに、ウェブ制作会社に一緒に納品してもらう
- 動画だけを外注する
- 動画の素材集を使う
- 動画を独自に作成する

動画を独自に作成する際には動画ファイルの仕組みを理解して、社内に動画作成ができる人材が必要になります。

4-2 ◆ 動画ファイルの仕組み

ウェブで使う動画ファイルは、『ウェブマスター検定 公式テキスト 4級』で解説したようにMP4、FLV、AVI、MOV、WebMなどのフォーマットがあります。YouTubeや各種SNSで使うならMP4形式が最適です。

サイトに掲載する動画はYouTubeに投稿したものを貼り付ける形が最も一般的です。理由はYouTubeは無料で利用できることと、YouTubeのユーザーにも動画を見てもらえる可能性が生じるからです。

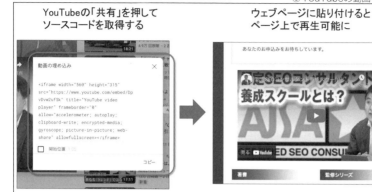

●YouTubeの動画を貼り付ける

動画のファイルは、コンテナと呼ばれます。その理由は、映像ファイルと音声ファイルがコンテナに格納され1つの動画ファイルになっているイメージだからです。

映像ファイルと音声ファイルがコンテナの中に別々に格納されることにより、映像を編集するときは映像ファイルだけを変更し、音声を編集するときは音声ファイルだけを変更することが可能になります。

●動画ファイルのイメージ

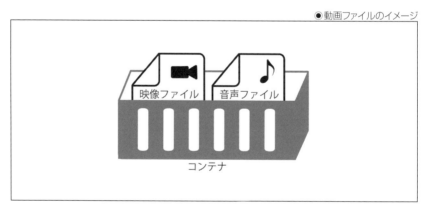

4-3 ◆ 動画の撮影

　動画を撮影するカメラには、スマートフォン、タブレット、家庭用ビデオカメラ、業務用ビデオカメラ、一眼レフカメラ、アクションカメラなどがあります。
　画質を重視するには業務用ビデオカメラか一眼レフカメラを、スキーやサーフィンなどのスポーツの動画を撮影するならGoProなどのアクションカメラを使うことがありますが、まずは最も手ごろなスマートフォン、タブレット、家庭用ビデオカメラなどから始めるのが無難です。そして撮影技術が上がってきたら業務用ビデオカメラや一眼レフカメラを使ってより高画質な撮影にチャレンジするとよいでしょう。
　動画を撮影をする際には写真撮影のところで説明したフレーミング、ライティング、ピント、露出などの撮影技術が役立ちます。

4-4 ◆ 動画の編集

　動画編集ツールには、パソコンにインストールするAdobe Premiere Pro、Final Cut Pro、PowerDirectorなどと、iPhoneやiPadでも使えるiMovieなどがあります。
　ここではAdobe社が提供するPhotoshop、Illustratorと相性がよく普及率が高いAdobe Premiere Proの基本的な操作を解説します。

4-4-1 ◆ プロジェクトを作成する

　ソフトを起動して、「新規プロジェクト」をクリックしてファイル名とPC内の保存場所を決めます。

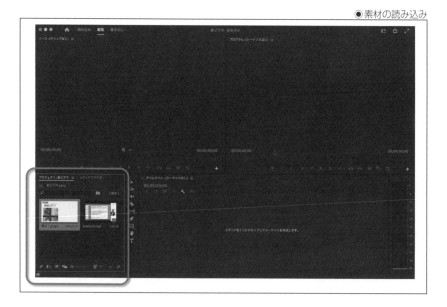

4-4-2 ◆ 編集する映像素材を読み込む

　動画を編集するにはAdobe Premiere Proに素材を読み込ませる必要があります。

● 素材の読み込み

4-4-3 ◆ シーケンスを作成し、素材を入れる

　プロジェクトへの素材の読み込みが完了したらシーケンスを作成します。シーケンスとは動画や音声などの素材が並んだ編集データのことです。左から右に時間が進んでいき、どの時間にどのシーンが何秒表示されるのかがわかるようになっています。

　読み込んだ素材を、プロジェクトパネル右側のタイムラインにドラッグ&ドロップします。タイムラインは画面の左側から右側に向けて時間の流れが表現されており、素材を順番に配置するだけで、直感的に動画が作れます。

4-4-4 ◆ 編集する

　不要なシーンを削除して、複数の素材を合成し、字幕を挿入するなどの編集をします。

●動画の編集

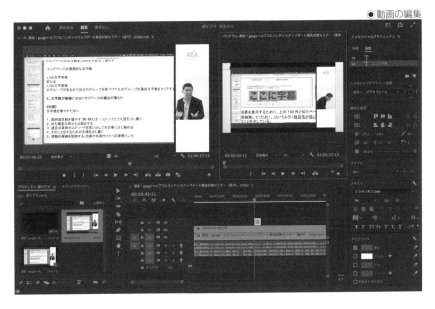

4-4-5 ◆ エフェクトを入れる

　Adobe社が提供しているAfter Effectsなどを使うと、映画のようなタイトルロゴやイントロ、トランジション（場面転換）を作成できます。ロゴやキャラクターをアニメーションにすることができます。同じAdobe社が提供するAdobe Premiere Proと相性がよいことで知られています。

●エフェクトの設定

4-4-6 ◆ 動画を書き出す

　YouTubeで見られる動画フォーマットに書き出しをして完成です。

●動画の書き出し

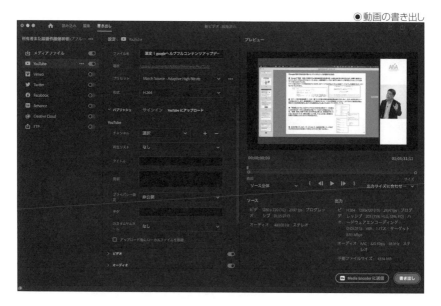

こうした写真編集ツールのPhotoshopとイラスト作成ツールのIllustrator
や動画編集ツールのAdobe Premier Proなどの基本的操作と何ができる
のかがわかれば、本格的にこれらのツールを使うときにはそれぞれの参考
書を読めば早く習得できるようになるはずです。

　また、実際にこうしたツールを使わないとしても、これらのツールで何ができ
るかを知ることにより、関係するスタッフに的確なディレクションができるように
なるはずです。

第 7 章

HTMLとCSSの
コーディング

ウェブデザインとコンテンツ作成が完了したら、次の工程はそれらを使ってウェブページを作成することです。ウェブページはHTMLとCSSのコーディングをすることにより作成されます。

　本章ではHTMLとCSSの仕組みと主要な機能について解説します。

【STEP 9】HTMLとCSSのコーディング

　ウェブページはHTMLとCSSのコーディングをすることにより作成されます。そのため、ウェブページを作成するにはHTMLとCSSのコーディングの知識が求められます。

　ウェブ制作会社に外注する場合でも、WordPressなどのCMSで作成する場合でも、HTMLとCSSの意味と、それらがどのようなことを実現できるかを知ることにより意図したデザインのウェブページを持つことが可能になります。

 **HTML**

　まずはHTMLについて解説します。

2-1 ◆HTMLとは

　HTMLとは、ウェブページの文書構造を作るためのマークアップ言語のことです。マークアップ言語とは、組版指定に使われる言語で、視覚表現や文書構造などを記述するための形式言語のことです。マークアップ言語を使うことにより、ここがタイトル部分、ここが見出し部分、ここからここまでが本文、ここは他のサイトや本から引用した部分というように、人間であれば直感的に理解できる文書の構造を、タグで囲ってコンピュータプログラムに認識させることができます。

　HTMLファイルは、メモ帳やテキストエディタでテキストファイルを作成し、そこにこのマークアップ言語を記述します。その後、ファイルを「.html」または「.htm」の拡張子で保存することによりHTMLファイルが完成します。

```
index.html * - TeraPad
ファイル(F)  編集(E)  検索(S)  表示(V)  ウィンドウ(W)  ツール(T)  ヘルプ(H)

 1
 2 <!DOCTYPE html PUBLIC "-//W3C//DTD XHTML 1.0 Transitional//EN"
 3   "http://www.w3.org/TR/xhtml1/DTD/xhtml1-transitional.dtd">
 4 <html xmlns="http://www.w3.org/1999/xhtml" xml:lang="ja" lang="ja">
 5 <head>
 6
 7 <meta name="format-detection" content="telephone=no">
 8 <meta http-equiv="X-UA-Compatible" content="IE-Edge">
 9 <meta http-equiv="Content-Type" content="text/html; charset=UTF-8" />
10
11
12 <title>SEOセミナーの全国・オンライン開催日程 鈴木将司のSEO対策セミナー</title>
13
14 <meta name="description" content="SEOセミナーの開催日程。鈴木将司のGoogle・ヤフー上位表示対策。モバイルSEO、
15 ソーシャルメディア、YouTube集客にも完全対応。初心者向けのタイトルも充実。今すぐ見れるオンライン版セミナー動
16 画も多数あります。">
17 <meta name="keywords" content="SEOセミナー" />
18
19 </head>
20 <body>
21
```

HTMLというマークアップ言語は、W3C（World Wide Web Consortium：ワールドワイドウェブコンソーシアム）によって標準化されています。

HTMLでは、文書の一部を「<」と「>」で囲まれた「タグ」と呼ばれる特別な文字列を使うことで、文章の構造や修飾についての情報を記述します。文書の中に見出しや段落を設けることや、箇条書き表現や表を記述することができます。また、画像や音声、動画を埋め込むことや、他のウェブページなどへのリンクを設定することもできます。

タグをHTMLファイル内に適切に記述することによりユーザーがブラウザでHTMLファイルを読み込んだときにウェブページが表示されます。

●HTMLファイル内に記述したタグの例

```
ファイル(F)  編集(E)  検索(S)  表示(V)  ウィンドウ(W)  ツール(T)  ヘルプ(H)

 1 <!DOCTYPE html PUBLIC "-//W3C//DTD XHTML 1.0 Transitional//EN"
 2   "http://www.w3.org/tr/xhtml1/Dtd/xhtml1-transitional.dtd">
 3 <html xmlns="http://www.w3.org/1999/xhtml">
 4 <head>
 5
 6 <meta http-equiv="Content-Type" content="text/html; charset=UTF-8" />
 7
 8 <meta name="description" content="動的ページのサイトはGoogle上位表示に不利なのか？" />
 9 <meta name="keywords" content="" />
10 <title>動的ページのサイトはGoogle上位表示に不利なのか？ | 鈴木将司のSEOセミナー</title>
11 <link rel="stylesheet" href="/css/styles2.css" type="text/css" />
12 <link rel="stylesheet" href="/css/imgborder.css" type="text/css" />
13 <link rel="stylesheet" href="//maxcdn.bootstrapcdn.com/font-awesome/4.3.0/css/font-awesome.min.css">
14 <script type="text/javascript" src="/js/smoothScroll.js"></script>
15 <script type="text/javascript" src="/js/heightLine.js"></script>
16 </head>
17 <body id="knowledge">
18 <!-- ////facebook//// -->
19 <div id="fb-root"></div>
20 <!-- ////facebook//// -->
21
22 <div id="all">
23 <div id="all_inner">
24
25 <div id="header"><!-- header -->
26
27 <div id="header-image">
28
29
```

2-2 ◆HTMLのバージョン

HTMLには複数のバージョンがあります。HTML1.0からHTML5.2までがあり、2021年1月にHTML Living Standardがリリースされました。本書執筆時（2023年3月）の最新のバージョンはHTML Living Standardです。そのため本書ではHTML Living Standardの仕様に基づいてHTMLについて解説します。

2-3 ◆HTMLの構造

HTMLファイルは白紙のテキストファイルに次の要素を書き込み、ファイル形式を「.html」または「.htm」で保存することにより作成されます。

2-3-1 ◆ 文書型宣言（<!DOCTYPE html>）

HTMLファイルの1行目には次のように記述します。

●文書型宣言

```
<!DOCTYPE html>
```

これによりこの文書がHTML文書であり、どのHTMLのバージョンであるかをブラウザに認識させます。

2-3-2 ◆ html要素（<html>〜</html>）

ファイルがHTMLであることをコンピュータに宣言するためのタグです。HTMLの一番上に<html>を、一番下に</html>を記述します。他のタグはすべて<html>と</html>の間に記述します。

そして日本語の文書の場合は<html>に言語を示すlang属性として「lang="ja"」を記述して次のようにします。

●言語の指定

```
<html lang="ja">
```

これによりコンピュータに日本語の文書であることを伝えます。なお、英語の場合は「ja」のところを「en」に置き換えます。

ここまでの記述は次の通りです。

●ここまでの記述

```
<!DOCTYPE html><html lang="ja">
<html lang="ja">
</html>
```

2-3-3 ◆ head要素（<head>〜</head>）

html要素内の最初に記述される要素がhead要素です。head要素には、そのHTMLファイルに関する情報や設定を記述します。この部分はブラウザには表示されないのでユーザーには見えません。

```
<!DOCTYPE html><html lang="ja">
<html lang="ja">
<head>
</head>
</html>
```

head要素にはmeta要素を記述します。meta要素とはメタタグとも呼ばれるもので、ブラウザやGoogleなどの検索エンジンにHTMLファイルに関する情報や設定を伝えるタグのことです。

meta要素にはさまざまなものがありますが、必須のものとしては文字コードを指定するmeta要素があります。文字コードとは、文字をコンピュータが処理するための情報です。文字コードはPC上で文字を扱うために、それぞれの文字や記号に割り当てられた、固有の番号のことを指します。正しく文字コードを指定することにより、ファイルの制作者が意図した通りにウェブブラウザに文字コードを解釈してもらうことができます。

正しく文字コードを指定しないとファイルを開いたときに文字化けが発生して文字が正しく表示されなくなります。文字化けが発生する原因は、HTMLファイル自体の文字コードと、ブラウザが解釈した文字コードが異なるときに発生します。たとえば、UTF-8で保存されたHTMLファイルを、ブラウザがShift_JISだと認識して、Shift_JISで表示してしまうと文字化けが発生します。

文字コードには、「UTF-8」「EUC-JP」「Shift_JIS」などがあります。現在最も普及している文字コードは「UTF-8」です。特に事情がない限り文字コードは最も普及率が高い「UTF-8」にしましょう。

●文字コードの指定

```
<!DOCTYPE html><html lang="ja">
<html lang="ja">
<head>
<meta charset="UTF-8">
</head>
</html>
```

第7章 HTMLとCSSのコーディング

2-3-4 ◆ title要素（<title>〜</title>）

　HTML文書のタイトル（表題）を指定するために記述するのがtitle要素です。

```
<!DOCTYPE html><html lang="ja">
<html lang="ja">
<head>
<meta charset="UTF-8">
<title>SEO検定 一般社団法人全日本SEO協会 | Webの資格</title>
</head>
</html>
```

　title要素はタイトルタグとも呼ばれるもので、ここに記述した文言はブラウザの一番上にあるタブの部分に表示されます。

●タイトルの表示

　他にも、ユーザーがそのページをブックマークやお気に入りに追加した際にはその文言が表示されます。

●ブックマークの表示

また、Googleなどの検索エンジンの検索結果ページに表示されることが多いため、きちんとページのタイトルを記述する必要があります。

●検索結果

2-3-5 ◆ body要素(`<body>`〜`</body>`)

HTML文書のコンテンツが記述されるメインの部分をbody要素と呼びます。body要素はhead要素のすぐ下に記述します。

●body要素

```
<!DOCTYPE html><html lang="ja">
<html lang="ja">
<head>
<meta charset="UTF-8">
<title>SEO検定 一般社団法人全日本SEO協会 ｜ Webの資格</title>
</head>
<body>
</body>
</html>
```

2-4 ◆HTMLの各種タグ

　body要素内で使えるタグは多種多様なものがありますが、ウェブサイトを管理するウェブマスターとして知るべき重要なタグには次のようなものがあります。

2-4-1 ◆見出し要素(\<h1\>～\</h1\>、\<h2\>～\</h2\>、\<h3\>～\</h3\>、\<h4\>～\</h4\>)

　ページ内の冒頭に書かれた大見出し(大きな見出し)は\<h1\>タグで囲います。h1の「h」はheadingの略で「見出し」という意味です。\<h1\>タグで囲われたテキストは最上位の見出しである「大見出し」を示します。

●h1要素

\<h1\>動的ページのサイトはGoogle上位表示に不利なのか？ \</h1\>

●見出しタグで囲ったテキストがブラウザで適切に表示されている例

　\<h1\>～\</h1\>の下の階層の中見出しには\<h2\>～\</h2\>を、その下の階層の小見出しには\<h3\>～\</h3\>を、さらにその下の階層の見出しには\<h4\>～\</h4\>を使います。

　特別な設定をしない限り、\<h1\>タグで囲われた部分のフォントサイズはページの中で一番大きく表示され、\<h2\>タグで囲われた部分のフォントサイズはその次に大きく表示されます。

2-4-2 ◆ 段落要素(<p>～</p>)

　ページ内の各段落は<p>タグで囲います。<p>タグのpは、段落を意味するparagraphのpです。<p>タグで段落を囲むと、ブラウザでは文章の上下に余白が挿入されるので、長い文章もいくつかの段落に分けておけば読みやすくなります。

●段落要素

```
<p>静的ページの場合は、ちょっとした文章の変更でも都度HTMLやCSSを書き換えて
FTPにアップロードする作業が必要になります。</p>
<p>動的ページの代表であるワードプレスなどのCMS(Contents Management System：
コンテンツ・マネジメント・システム)では、そのような専門的知識がなくても簡単
に更新が可能です。</p>
<p>特に更新作業の手間というのはランニングコストとしてボディーブローのよう
に効いてきます。</p>
<p>サーバーのコストなどは動的ページのほうがかかりますが、結果的に更新作業な
ども加味すると動的ページのほうがコストの削減につながることも多々あります。
</p>
```

●段落のタグで囲ったテキストがブラウザで適切に表示されている例

静的ページの場合は、ちょっとした文章の変更でも都度HTMLやCSSを書き換えてFTPにアップロードする作業が必要になります。

動的ページの代表であるワードプレスなどのCMS（Contents Management System：コンテンツ・マネジメント・システム）では、そのような専門的知識がなくても簡単に更新が可能です。

特に更新作業の手間というのはランニングコストとしてボディーブローのように効いてきます。

サーバーのコストなどは動的ページの方がかかりますが、結果的に更新作業なども加味すると動的ページの方がコストの削減につながることも多々あります。

2-4-3 ◆ 箇条書き要素(<ul>～</ul>)

　ページ内に箇条書きをする際には、箇条書きを示すタグを使います。

●箇条書き要素

```
<ul>
    <li>動的ページと静的ページの違いを説明できない</li>
    <li>SEO対策として動的ページと静的ページどちらを選ぶべきかわからない</li>
    <li>動的ページはSEO上有利なの？不利なの？ </li>
</ul>
```

さらに、SEO対策を考えた場合に動的ページが良いのか静的ページが良いのか、これも悩みどころでしょう。

- 動的ページと静的ページの違いを説明できない
- SEO対策として動的ページと静的ページどちらを選ぶべきか分からない
- 動的ページはSEO上有利なの？不利なの？

上記に当てはまる方はこの記事を最後まで読んで疑問を解決してください。

2-4-4 ◆ img要素（<img src="">）

ページ内に画像を表示するには<img>タグを使います。Imgという言葉は英語で画像を意味するimageの略です。<img>タグの中の「src="」と「">」の間に表示させたい画像のファイル名を記述します。

◉img要素

```
<img src="dynamic-serving-page-04.png">
```

◉<img>タグ内に記述した画像ファイルがブラウザで適切に表示されている例

Googleで上位表示するために動的ページがどのように影響するのか説明していきます。

動的ページがSEO対策上有利なのか？

結論から言うと、動的ページだからSEO上有利、つまりGoogleの上位表示に有利とは言えません。

通常、ページ内に画像を表示するにはそのページが置かれているサーバーの中にあらかじめアップロードした画像を使用しますが、表示させたい画像ファイルが自分で管理していない他者のサイトにある場合は、その画像ファイルのURLを調べてURLを記述します。

●画像が外部サイトにある場合

```
<img src="https://www.sony.jp/header-footer/header/images/logo.png">
```

2-4-5 ◆ 音声埋め込み要素、動画埋め込み要素（<audio controls src=""></audio>、<video src=""></video>）

音声ファイルを再生するためのタグ（<audio>タグ）や動画ファイルを再生するためのタグ（<video>タグ）などもあります。

●音声埋め込み要素

```
<audio controls src="popmusic.mp3"></audio>
```

●動画埋め込み要素

```
<video src="video.mp4"></video>
```

なお、YouTubeに投稿した音声ファイルや動画ファイルをページに掲載するにはYouTubeが動画共有のために提供しているソースコードを貼り付けます。

●YouTubeが提供するYouTubeに投稿された動画を表示するためのソースコードの例

2-4-6 ◆ リンク要素（<a href="">）</a>）

　ウェブサイトの最大の魅力の1つは、1つのウェブページから他のページにリンクを張ることにより、ユーザーがクリックひとつで移動できることです。

　このリンクを張るためのタグは<a href="">)</a>（アンカータグ）です。aはアンカーの略で鎖、つまりリンクの意味です。hrefはhypertext referenceの略で、直訳すると「ハイパーテキストの参照」という意味です。ハイパーテキストとは、複数の文書を相互に関連付け、結び付ける仕組みのことです。

　1つのページから同じサイト内にある他のページにリンクを張るにはリンク先ページのファイル名を「""」内（「"」と「"」の間）に記述します。

●リンク要素

```
<a href="aboutus.html"></a>
```

　他者が運営するサイトにあるウェブページにリンクを張る場合は「""」内にリンク先のURLを記述します。

●外部サイトにリンクを張る場合

```
<a href="https://www.amazon.co.jp"></a>
```

　テキスト部分をクリックするとリンク先に飛ぶようにしたい場合は「<a href="">と</a>の間にテキスト（文字列）を記述します。

●テキスト部分のリンク化

```
ECサイトの中で最も成功した企業は<a href="https://www.amazon.co.jp">アマゾ
ン</a>です。
アマゾンはアメリカのワシントン州シアトルに本拠地を置く企業です。主軸はイン
ターネット経由の小売ですが、その他にもクラウドコンピューティングなどを手掛
けています。
```

●テキスト部分をリンク化した例

ECサイトの中で最も成功した企業は<u>アマゾン</u>です。アマゾンはアメリカのワシントン州シアトルに本拠地を置く企業です。主軸はインターネット経由の小売ですが、その他にもクラウドコンピューティングなどを手掛けています。

画像の部分をクリックするとリンク先に飛ぶようにしたい場合は\<a href="">
と\</a>の間にその画像を表示する\<img>タグを記述します。

◉画像部分のリンク化

```
<a href="seoconsultant_school_voice.html">
  <img src="ninteiseo_img08_01.png">
</a>
```

◉画像部分をリンク化した例

2-4-7 ◆ 改行要素(\
)

　文章を改行するには\
タグを使います。HTML文書内で改行をして
もブラウザは無視します。

●HTML文書内の改行は無視される

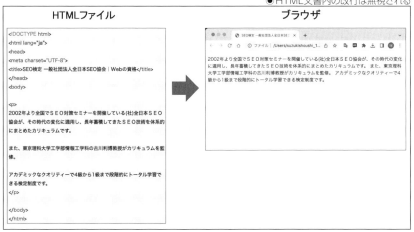

ブラウザに改行だということを認識してもらうためには
タグを使います。
タグを1回記述すると1行の改行になり、2回記述すると2行の改行になります。

●
タグの利用

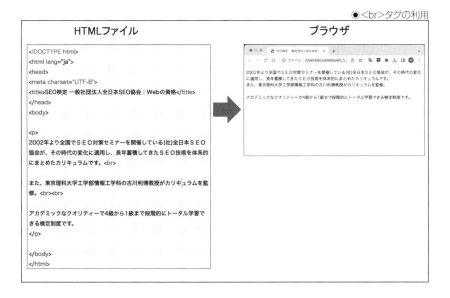

2-4-8 ◆ table要素（<table>〜</table>）

　表を作成するにはtable要素（<table>〜</table>）を使います。<table>と</table>の間には次の要素を記述します。

●table要素内に記述する要素

要素	タグ	説明
tr要素	<tr>〜</tr>	表の行を示す要素
td要素	<td>〜</td>	表のセル（データセル）を示す要素
th要素	<th>〜</th>	表のセル（見出し用のセル）を示す要素

●table要素

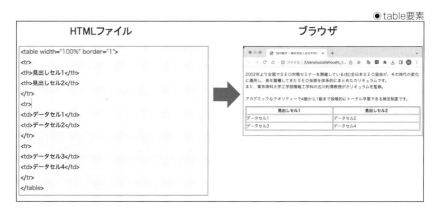

　そしてテーブルに線を表示するために<table>の中に属性として「border="1"」と記述し、テーブルの幅を画面いっぱいにするために属性として「width="100%"」と記述します。

　Borderの数値を「0」にすると表の線が消え、「2」「3」「4」……と増やすと線の太さが太くなります。

　他にも、検索窓やお問い合わせフォームの入力を可能にするタグなど、さまざまな要素がありますが、最低でもこれらの要素の意味がわかればHTMLのソースコードを見たときに大体の意味がつかめるようになります。

3 CSS

次はCSSについて解説します。

3-1 ◆ CSSとは

　ウェブの発展に伴い、デザイン性が高く見栄えのよいウェブページが求められるようになりました。

　HTMLはさまざまなタグを使うことによりウェブページを作成できますが、雑誌や本のような複雑なレイアウトやデザイン性の高いビジュアルを表現するのには限界があります。

　見栄えを記述する専用の言語としてCSS（Cascading Style Sheet:通称、スタイルシート）が考案され使用されるようになりました。CSSの仕様もHTMLと同様にW3C（World Wide Web Consortium ： ワールドワイドウェブコンソーシアム）によって標準化されています。

　CSSが広く普及したことによりWebページは従来の単純なレイアウト、デザインから、印刷物などのより高いデザイン性のある媒体に近づくようになり、洗練されたものになってきました。

●CSS適用前（左）とCSS適用後（右）のウェブページの例

CSSはHTMLファイル内に記述することもできます。

```
<!DOCTYPE html>
<html lang="ja">
<head>
<meta charset="UTF-8">

<style type="text/css">
img.wp-smiley,
img.emoji {
    display: inline !important;
    border: none !important;
    box-shadow: none !important;
    height: 1em !important;
    width: 1em !important;
    margin: 0 0.07em !important;
    vertical-align: -0.1em !important;
    background: none !important;
    padding: 0 !important;
}
</style>
</head>

<body class="drawer drawer--left">
<div class="sp-wrapper">
<a href="https://www.kamimutsukawa.com/protect/" style="text-decoration:none;">くわしくはこちらをご覧ください</a>
</div>
```

　しかし、多くの場合、HTMLファイルとは別に専用のCSSファイルを作成し、HTMLファイル内から参照する形が取られています。その理由には次の3つがあります。

- HTMLファイルを軽量化してウェブページの表示速度を速くするため
- HTMLファイルとは分けて管理をしやすくするため
- 他のHTMLファイルからも参照して再利用できるようにするため

```
● ● ●    styles2.css
∧ ∨ @media  screen and (max-width: 767px)  ↕
@charset "utf-8";
@charset "utf-8";
@import url(setting2.css);
@import url(sidebar.css);
@import url(module.css);

body {
color: #333333;
/*font-family: "ＭＳ Ｐゴシック", Osaka, sans-serif;*/
font-family:'ヒラギノ角ゴ Pro W3','Hiragino Kaku Gothic Pro','ＭＳ Ｐゴシック',sans-serif;
font-size: 14px;
line-height: 160%;
background-color:#ffffff;
margin:0;
padding:0;
word-wrap:break-word;
min-width: 1020px;
}

/* layout */
#all_index {
width:100%;
```

```
<!DOCTYPE html PUBLIC "-//W3C//DTD XHTML 1.0 Transitional//EN"
  "http://www.w3.org/tr/xhtml1/Dtd/xhtml1-transitional.dtd">
<html xmlns="http://www.w3.org/1999/xhtml">
<head>
<meta name="format-detection" content="telephone=no">
<meta http-equiv="X-UA-Compatible" content="IE=Edge">
<meta http-equiv="Content-Type" content="text/html; charset=UTF-8" />
<meta name="robots" content="index,follow" />
<meta name="description" content="動的ページのサイトはGoogle上位表示に不利なのか？" />
<meta name="keywords" content="" />
<title>動的ページのサイトはGoogle上位表示に不利なのか？ | 鈴木将司のSEOセミナー</title>
<link rel="stylesheet" href="/css/styles2.css" type="text/css" />
<link rel="stylesheet" href="/css/imgborder.css" type="text/css" />
<link rel="stylesheet" href="/css/imgwidth100.css" type="text/css" />
```

3-2 ◆ CSSの書き方の基本

CSSは基本的に次のような形で記述されます。

●CSSの基本的な書き方

```
h1 {
  color: red;
  background-color: yellow;
}
```

上記を例に解説します。

3-2-1 ◆ セレクタ

HTMLファイル内にあるどの要素を特定するかを選択するのがセレクタ
です。たとえば、HTMLファイル内の<h1>〜</h1>に対して効果を適用し
たい場合は、「h1」というセレクタを使用します。

3-2-2 ◆ 宣言ブロック

「{」と「}」で囲われた部分が宣言ブロックです。宣言ブロックには、セレク
タで選択した要素に適用するスタイル情報が定義されています。

3-2-3 ◆ プロパティ名

セレクタで指定された部分の何を装飾するのかを指定する部分です。上
記でいえば、「color:」や「background-color:」の部分です。

3-2-4 ◆ プロパティ値

プロパティ名をどのように装飾するのかを指定する部分です。上記でい
えば、「color: red」の「red」や「background-color: yellow」の「yellow」で
す。プロパティが複数ある場合は行の終わりに「;」(セミコロン)を記述します。

3-3 ◆ CSSでできること

CSSを使うことにより実現できることには主に次のようなものがあります:

3-3-1 ◆ ウェブページの装飾

フォント(文字)の色、サイズ、種類の変更、行間の高低の調整、画像の表示方法の変更などができます。

①フォントの種類、サイズ、背景色の装飾

大見出しのフォント名を指定し、文字の色を赤、背景色を黄色に指定した例は次の通りです。

●大見出しのフォント名を指定し、文字の色を赤、背景色を黄色に指定した例

動的ページのサイトはGoogle上位表示に不利なのか?

静的ページの場合は、ちょっとした文章の変更でも都度HTMLやCSSを書き換えてFTPにアップロードする作業が必要になります。

動的ページの代表であるワードプレスなどのCMS（Contents Management System：コンテンツ・マネジメント・システム）では、そのような専門的知識がなくても簡単に更新が可能です。

●上図のCSSのコード

```
h1 {
  font-family: "MS 明朝", serif;
  color: red;
  background-color: yellow;
}
```

②行間の設定

段落内の行間を広めに指定した例は次の通りです。

静的ページの場合は、ちょっとした文章の変更でも都度HTMLやCSSを書き換えて

FTPにアップロードする作業が必要になります。

動的ページの代表であるワードプレスなどのCMS（Contents Management

System：コンテンツ・マネジメント・システム）では、そのような専門的知識が

なくても簡単に更新が可能です。

特に更新作業の手間というのはランニングコストとしてボディーブローのように効

いてきます。

●上図のCSSのコード

```
p {
  line-height: 2.8;
}
```

③画像の四隅を丸くする設定

　画像の四隅の角を丸くした例は次の通りです。

●画像の四隅の角を丸くした例

●上図のCSSのコード

```
img {
  border-radius: 100px;
}
```

第7章
HTMLとCSSのコーディング

3-3-2 ◆ 単純なアニメーション効果

テキストや画像の表示速度の設定や、テキストをループさせるなどの設定をしてアニメーション効果を付けることが可能です。

●ダウンロード中に表示されるアニメーションの例

●上図のCSSのコード

```css
.loading-icon {
  box-sizing: border-box;
  width: 15px;
  height: 15px;
  border-radius: 50%;
  box-shadow:
    0 -30px 0 #eee,
    21px -21px 0 #ddd,
    30px 0 0 #ccc,
    21px 21px 0 #bbb,
    0 30px 0 #aaa,
    -21px 21px 0 #999,
    -30px 0 0 #666,
    -21px -21px 0 #000;
  animation: rotate 1s steps(8) 0s infinite;
}

@keyframes rotate {
  0% {
    transform: rotate(0deg);
  }
  100% {
    transform: rotate(360deg);
  }
}

body {
  display: flex;
  height: 100vh;
```

▼

```
  justify-content: center;
  align-items: center;
  margin: 0;
}
```

3-3-3 ◆ レイアウトを組む

　CSSを使うと文字や画像の装飾だけではなく、ページ全体のレイアウトを組むこともできます。この機能を使うことによりウェブページのレイアウトを単調なものではなく、雑誌のように華やかなものにすることが可能です。

●グリッドレイアウトのHTML

```
<!DOCTYPE html>
<html lang="ja">
<head>
<meta charset="utf-8"/>
<title>タイトル</title>
<link rel="stylesheet" href="styles.css" type="text/css" />
</head>
<body>
<div class="main-grid">
    <header>
        <h2>ヘッダーメニュー</h2>
    </header>
    <aside>
        <h3>サイドメニュー</h3>
        <p>リンク1</p>
        <p>リンク2</p>
        <p>リンク3</p>
    </aside>
    <article>
        <h3>メインコンテンツ</h3>
        <p>本文</p>
    </article>
    <footer>
        <h2>フッターメニュー</h2>
    </footer>
</div>
</body>
</html>
```

```css
.main-grid {
    display: grid;
    grid-template-areas:
    "header header"
    "left main"
    "footer footer";
    grid-template-columns: 1fr 3fr;
    grid-gap: 20px;
}

header {
    grid-area: header;
    background-color: #C0C0C0;
}

aside {
    grid-area: left;
    background-color: #C0C0C0;
}

article {
    grid-area: main;
    background-color: #C0C0C0;
}

footer {
    grid-area: footer;
    background-color: #C0C0C0;
}
```

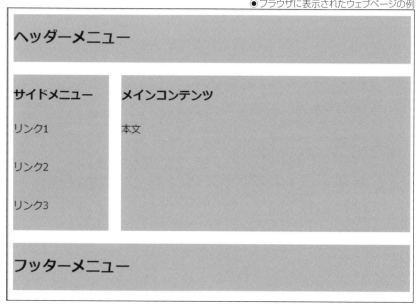

3-3-4◆モバイル端末に対応する

　CSSを使うとレスポンシブウェブデザインのウェブサイトを作ることができます。レスポンシブウェブデザインとは、パソコンやスマートフォン、タブレットなど画面サイズが異なる端末を利用した場合に、アクセスする側の端末に応じて表示を切り替える技術をいいます。

　具体的には、レスポンシブウェブデザインは1つのHTMLで配信され、デバイスごとに異なるCSSを用意することで表示を変える仕組みとなっています。

　パソコンでサイトを見るときはパソコンの幅の広い画面サイズに合わせたデザインを実現するCSSが配信され、スマートフォンでサイトを見るときは幅が狭くサイズが小さい画面サイズを実現するCSSが配信されるというものです。

●パソコン版ウェブページ（左）とモバイル版ウェブページ（右）のイメージ図

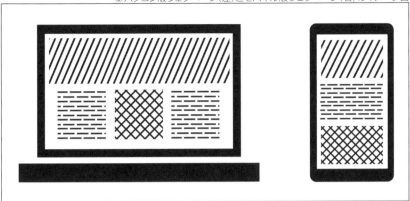

　レスポンシブウェブデザインのサイトを作れば、1つのHTMLファイルだけ
を使うため、1度の更新でパソコン版、モバイル版の両方に同時に更新が
反映されます。それによりパソコン版サイト、モバイル版サイトを別々に運営
することに比べて更新の手間が省けます。

　また、1つのHTMLファイルだけを使うためパソコン版サイトとモバイル版
サイトのページのURLが同じになり混乱を避けることができます。

　たとえば、モバイル版サイトを別々に運営する場合は、次のように異なっ
たURLになります。

```
パソコン版ウェブページのURL            モバイル版ウェブページのURL
https://www.example.com/index.html ≠ https://www.example.com/sp/index.html
```

　レスポンシブウェブデザインで作ると、次のように同じURLになります。

```
パソコン版ウェブページのURL           モバイル版ウェブページのURL
https://www.example.com/index.html = https://www.example.com/index.html
```

　このようにHTMLとCSSを使うことにより、多種多様なウェブページを作成
し、ユーザーに見てほしい情報をウェブサイトを使い発信することが可能に
なります。

第 8 章

プログラミング

ウェブサイト制作の世界では、ウェブサイトに軽い
動作を加える言語としてJavaScriptというクライア
ントサイドプログラムが使用されます。そして複雑な
計算を要する処理をするためにはPHPなどのサー
バーサイドプログラムが使用されています。

本章では、クライアントサイドプログラムとサー
バーサイドプログラムの違いと、それぞれのプログ
ラムの仕組み、そしてそれらが具体的にどのような
ユーザー体験をユーザーに提供できるのかを解説し
ます。

【STEP 10】 プログラミング

これまで解説してきたようにHTMLはウェブページの基本構造を表現するもので、CSSはウェブページに装飾性を加えます。

しかし、これら2つの技術だけでは私たちが日ごろウェブサイト上で見るようなポップアップメニューや、画像の自動切り替え、問い合わせフォームや、検索などの便利な機能を提供することはできません。こうした便利な機能を提供するにはプログラムを使う必要があります。

ウェブサイトで使用するプログラムには2種類あります。1つが「クライアントサイドプログラム」で、もう1つが「サーバーサイドプログラム」です。

1-1 ◆ クライアントサイドプログラム

「クライアントサイドプログラム」とは、パソコンやタブレット、スマートフォンなどのクライアント側のデバイス上で実行されるプログラムです。

クライアントサイドプログラムで最も使用されているのがJavaScriptです。JavaScriptとはブラウザ上で実行されるスクリプト言語です。スクリプト言語とは、アプリケーションソフトウェアを作成するための簡易的なプログラミング言語の一種です。

JavaScriptを使うことにより、動かずに静止しているHTMLやCSSの指定した部分を、その場でリアルタイムに書き換えて、一部のコンテンツを入れ替えたり、画像のスライドショーのような動きを付けることができます。

1-2 ◆ サーバーサイドプログラム

クライアントサイドのデバイスの処理能力には限りがあり、JavaScriptのようなクライアントサイドのプログラムは軽めの処理に適したプログラムであるため、コンピュータのリソースをたくさん使う処理や、大量のデータ処理には不向きです。

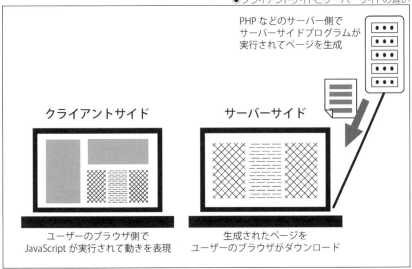

PHPなどのサーバー側で
サーバーサイドプログラムが
実行されてページを生成

クライアントサイド

サーバーサイド

ユーザーのブラウザ側で
JavaScriptが実行されて動きを表現

生成されたページを
ユーザーのブラウザがダウンロード

そのため、軽めの処理以外は「サーバーサイドプログラム」を使用します。サーバーサイドプログラムとは、クライアント側のデバイス（情報端末）上ではなく、遠隔地にあるサーバー上で実行されるコンピュータプログラムのことです。

2 JavaScript

ここではJavaScriptについて解説します。

2-1 ◆ JavaScriptとは

クライアントサイドプログラムで最も使用されているのがJavaScriptという言語です。JavaScriptはウェブページを構成する要素に対して命令を実行させる言語です。要素とは、HTMLやCSSのタグとタグで囲われた部分のことです。

第8章
プログラミング

> # 要素
>
> ## <p>日の当たるリビングで 家族団らんのひとときを</p>

JavaScriptが要素に命令するものの代表的な例としては、画像の上に
マウスを移動すると画像が切り替わるというものや、メニューボタンを押すと
メニューがポップアップするものなどがあります。

2-2 ◆ JavaScriptができること

JavaScriptを活用することにより、ユーザーがウェブページ上で何らかの
アクションを起こすと、それをプログラムがインプット（入力）として認識します。
そしてあらかじめプログラムされた手順に従ってアウトプット（出力）として画
面の指定された部分が変化します。

●JavaScriptの実行イメージ

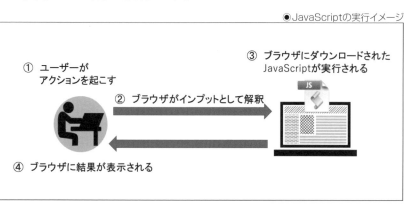

私たちが普段使っているサイトで見かける申し込みフォームの入力ミスを
即時に指摘する動作や、エラーメッセージの表示、画像をクリックしたときに
画像が拡大される効果、キーワード入力欄に検索キーワードを入れると関
連するキーワードが表示されるなどの効果のほとんどはJavaScriptにより実
現されています。

● フォームの入力ミスを即時に指摘する機能の例

お名前（フリガナ）　必須　　鈴木将司

全角カタカナで入力してください

住所　必須

郵便番号　□□□□　−　□□□□

都道府県　選択してください　∨

住所1（市区町村、番地・号）　例）姫路市西中島284

住所2（建物名・部屋番号）　例）ハクロビル2階

● 入力した検索キーワードに関連するキーワードを自動表示する機能の例

JavaScriptが実現できるものには次のようなものがあります。

2-2-1 ◆ ポップアップウィンドウ

ブラウザの画面上にポップアップウィンドウ（小さな窓）を表示することができます。

● ポップアップウィンドウの例

● JavaScriptファイル内のソースコード

```
function geekAlert() {
  alert("ここに警告文を"
      + "");
}
```

2-2-2 ◆ マウスオーバー

ボタンの上にマウスを移動すると変化する効果を出せます。

● マウスオーバーの例

● HTMLファイル内のソースコード

```
<img id="image" src="sample_out.png" width="303" height="111"
  onmouseover="changeImg(0)" onmouseout="changeImg(1)">
```

第8章 プログラミング

```
var img = new Array();
img[0] = new Image(303,111);
img[1] = new Image(303,111);
img[0].src = "sample_over.png";
img[1].src = "sample_out.png";

function changeImg(num) {
    document.getElementById("image").src = img[num].src;
}
```

2-2-3 ◆ 文字の動き

文字が右から左に動くなど、文字に動きを付けることができます。

●文字に動きを付けた例

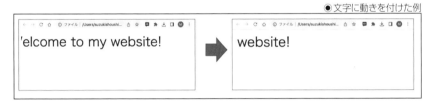

●HTMLファイルのソースコード

```
<!DOCTYPE html>
<html lang="ja">
  <head>
    <meta charset="UTF-8">
    <title>サンプル</title>
    <script type="text/javascript" src="sample.js"></script>
    <link rel="stylesheet" href="samaple.css">
  </head>
  <body>
    <div class="message-container">
      <div class="message">Welcome to my website!</div>
    </div>
  </body>
</html>
```

```css
.message-container {
  position: relative;
  width: 100%;
  height: 100px;
  overflow: hidden;
}

.message {
  position: absolute;
  font-size: 48px;
  white-space: nowrap;
  animation: scroll-right 20s linear infinite;
}

@keyframes scroll-right {
  from {
    transform: translateX(0);
  }
  to {
    transform: translateX(-100%);
  }
}
```

◉JavaScriptファイルのソースコード

```javascript
const messageElement = document.querySelector(".message");
messageElement.style.width = `${messageElement.innerHTML.length}em`;
```

2-2-4 ◆ タブの切り替え

　ページ内にタブを表示して、特定のタブを選択するとそのタブに紐付けされたコンテンツを表示することができます。

第8章
プログラミング

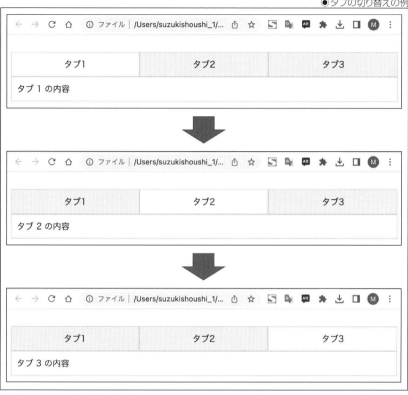

●HTMLファイルのソースコード

```
<!DOCTYPE html>
<html lang="ja">
  <head>
    <meta charset="UTF-8">
    <link rel="stylesheet" href="sample.css">
  </head>
  <body> <br>
    <ul class="tabs">
      <li class="tab active" data-tab-content="tab-content-1">タブ1</li>
      <li class="tab" data-tab-content="tab-content-2">タブ2</li>
      <li class="tab" data-tab-content="tab-content-3">タブ3</li>
    </ul>
    <div class="tab-contents">
      <div class="tab-content active" id="tab-content-1">
```

▼

```
        タブ 1 の内容
      </div>
      <div class="tab-content" id="tab-content-2">
        タブ 2 の内容
      </div>
      <div class="tab-content" id="tab-content-3">
        タブ 3 の内容
      </div>
    </div>
    <script type="text/javascript" src="sample.js"></script>
  </body>
</html>
```

●CSSファイルのソースコード

```
.tabs {
  display: flex;
  list-style: none;
  margin: 0;
  padding: 0;
}

.tabs li {
  flex-grow: 1;
  text-align: center;
  border: 1px solid #ccc;
  background-color: #eee;
  padding: 10px 0;
}

.tabs li.active {
  background-color: white;
}

.tab-contents {
  border: 1px solid #ccc;
  padding: 10px;
}

.tab-content {
  display: none;
```

第8章
プ
ロ
グ
ラ
ミ
ン
グ

▼

```css
}

.tab-content.active {
  display: block;
}
```

●JavaScriptファイルのソースコード

```javascript
const tabs = document.querySelectorAll(".tab");
const tabContents = document.querySelectorAll(".tab-content");
tabs.forEach(tab => {
  tab.addEventListener("click", function () {
    const activeTab = document.querySelector(".tab.active");
    activeTab.classList.remove("active");
    this.classList.add("active");
      const activeTabContent = document.querySelector(".tab-content.
active");
    activeTabContent.classList.remove("active");
    const tabContentId = this.getAttribute("data-tab-content");
    document.getElementById(tabContentId).classList.add("active");
  });
});
```

2-2-5 ◆ 詳細メニューの表示

　ヘッダーメニューにある特定の項目にマウスを合わせるとその項目の詳細
メニューを表示できます。

●詳細メニューの表示の例

HOME	会社案内	事業案内	求人案内	お問い合わせ
	メニュー1			
	メニュー2			
	メニュー3			

```html
<!DOCTYPE html>
<html>
  <head>
    <link rel="stylesheet" type="text/css" href="styles.css">
  </head>
  <body>
    <div class="navbar">
      <div class="dropdown">
        <button class="dropbtn">HOME</button>
      </div>
      <div class="dropdown">
        <button class="dropbtn">会社案内</button>
        <div class="dropdown-content" id="myDropdown1">
          <a href="#">メニュー1</a>
          <a href="#">メニュー2</a>
          <a href="#">メニュー3</a>
        </div>
      </div>
      <div class="dropdown">
        <button class="dropbtn">事業案内</button>
        <div class="dropdown-content" id="myDropdown2">
          <a href="#">メニュー1</a>
          <a href="#">メニュー2</a>
          <a href="#">メニュー3</a>
        </div>
      </div>
      <div class="dropdown">
        <button class="dropbtn">求人案内</button>
      </div>
      <div class="dropdown">
        <button class="dropbtn">お問い合わせ</button>
      </div>
    </div>
    <script src="scripts.js"></script>
  </body>
</html>
```

```css
.navbar {
  overflow: hidden;
  border: 1px solid black;
}

.dropdown {
  float: left;
  overflow: hidden;
  border-right: 1px solid black;
}

.dropdown:last-child {
  border-right: none;
}

.dropdown .dropbtn {
  font-size: 16px;
  border: none;
  outline: none;
  color: black;
  padding: 14px 16px;
  background-color: inherit;
  font-family: inherit;
  margin: 0;
}

.navbar a:hover, .dropdown:hover .dropbtn {
  background-color: lightgray;
}

.dropdown-content {
  display: none;
  position: absolute;
  min-width: 160px;
  z-index: 1;
  border: 1px solid black;
}

.dropdown-content a {
  float: none;
```

```
  color: black;
  padding: 12px 16px;
  text-decoration: none;
  display: block;
  text-align: left;
}

.dropdown-content a:hover {
  background-color: #ddd;
}

.show {
  display: block;
}
```

●JavaScriptファイルのソースコード

```
window.onload = function () {
  var dropdowns = document.querySelectorAll('.dropdown');
  dropdowns.forEach(function (dropdown, i) {
    dropdown.addEventListener('mouseover', function () {
      if (dropdown.querySelector('.dropdown-content')) {
        dropdown.querySelector('.dropdown-content').classList.toggle("show");
      }
    });
    dropdown.addEventListener('mouseout', function () {
      if (dropdown.querySelector('.dropdown-content')) {
        dropdown.querySelector('.dropdown-content').classList.toggle("show");
      }
    });
  });
}
```

2-2-6 ◆ 画像の自動切り替え

画像の表示を他の画像に自動的に切り替えることができます。

◉画像の自動切り替えの例

◉HTMLファイルのソースコード

```
<!DOCTYPE html>
<html lang="ja">
  <head>
    <meta charset="UTF-8">
  <link rel="stylesheet" href="sample.css"> </head>
  <body>
    <div class="slider">
      <div class="slide"> <img src="image1.jpg"> </div>
      <div class="slide"> <img src="image1.jpg"> </div>
      <div class="slide"> <img src="image2.jpg"> </div>
      <div class="slide"> <img src="image3.jpg"> </div>
    </div> <br>
LA最新情報へようこそ！ <br> <br>
最新のLAの観光スポット情報をお届けてします。
    <script type="text/javascript" src="sample.js"></script>
  </body>
</html>
```

◉CSSファイルのソースコード

```
.slider {
  display: flex;
  justify-content: center;
  align-items: center;
  height: 300px;
}
```

▼

```
.slide {
  display: none;
}

.slide img {
  width: 400px;
  height: 300px;
  object-fit: cover;
}
```

◉JavaScriptファイルのソースコード

```
const slides = document.querySelectorAll('.slide');
let currentSlide = 0;

function showSlide() {
  slides.forEach((slide) => (slide.style.display = 'none'));
  slides[currentSlide].style.display = 'flex';
}

function changeSlide() {
  currentSlide = (currentSlide + 1) % slides.length;
  showSlide();
}

showSlide();
setInterval(changeSlide, 3000);
```

2-2-7 ◆ カウントダウンタイマー

指定した日時まで後どのくらいの時間があるのかをカウントダウンすることができます。

◉カウントダウンタイマーの例

2025年開催の大阪万博まであと何日？

794 days 2 hours 22 minutes 50 seconds

```html
<!DOCTYPE html>
<html lang="ja">
  <head>
    <meta charset="UTF-8">
    <link rel="stylesheet" href="sample.css">
    <script type="text/javascript" src="sample.js"></script>
  </head>
  <body>
    <h1>2025年開催の大阪万博まであと何日？ </h1>
    <p id="countdown"></p>
  </body>
</html>
```

●CSSファイルのソースコード

```css
h1 {
  font-size: 36px;
  font-weight: bold;
  font-family: Arial, sans-serif;
  text-align: center;
}

#countdown {
  font-size: 36px;
  font-weight: bold;
  font-family: Arial, sans-serif;
  text-align: center;
}
```

●JavaScriptファイルのソースコード

```javascript
const countDownDate = new Date("2025-04-13T00:00:00").getTime();

function updateCountdown() {
  const now = new Date().getTime();
  const distance = countDownDate - now;
  const days = Math.floor(distance / (1000 * 60 * 60 * 24));
  const hours =
    Math.floor((distance % (1000 * 60 * 60 * 24)) / (1000 * 60 * 60));
  const minutes = Math.floor((distance % (1000 * 60 * 60)) / (1000 * 60));
  const seconds = Math.floor((distance % (1000 * 60)) / 1000);
```

▼

第8章
プログラミング

```
  document.getElementById("countdown").innerHTML =
    `${days} days ${hours} hours ${minutes} minutes ${seconds} seconds`;
}
setInterval(updateCountdown, 1000);
```

2-2-8 ◆ キーワード候補の自動表示

　検索キーワード入力欄に入力したキーワードに関連するキーワードの候補を自動表示することができます。

◉キーワード候補の自動表示の例

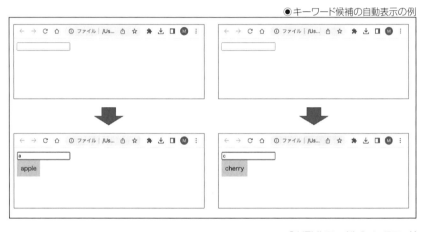

◉HTMLファイルのソースコード

```
<!DOCTYPE html>
<html lang="ja">
  <head>
    <meta charset="UTF-8">
    <link rel="stylesheet" href="sample.css">
  </head>
  <body> <input type="text" id="textfield">
    <ul class="suggestions" id="suggestions"></ul>
    <script type="text/javascript" src="sample.js"></script>
  </body>
</html>
```

```css
.suggestions {
  list-style-type: none;
  margin: 0;
  padding: 0;
  position: absolute;
  z-index: 1;
}

.suggestions li {
  padding: 10px;
  cursor: pointer;
  background-color: lightgray;
}

.suggestions li:hover {
  background-color: lightblue;
}
```

```javascript
const textfield = document.getElementById("textfield");
const suggestions = document.getElementById("suggestions");
const keywords =
  ["apple", "banana", "cherry", "date", "elderberry", "fig"];
textfield.addEventListener("input", function () {
  const value = this.value;
  suggestions.innerHTML = "";
  for (const keyword of keywords) {
    if (keyword.startsWith(value)) {
      const suggestion = document.createElement("li");
      suggestion.innerHTML = keyword;
      suggestion.addEventListener("click", function () {
        textfield.value = keyword;
        suggestions.innerHTML = "";
      });
      suggestions.appendChild(suggestion);
    }
  }
});
```

第8章
プログラミング

2-2-9 ◆ 入力内容の自動チェック

　ユーザーがフォームに入力した情報が正しいかを自動チェックすることができます。

●入力内容の自動チェックの例

```
氏名:
┌─────────────────────┐
│ 鈴木将司              │
└─────────────────────┘

メールアドレス:
┌─────────────────────┐
│ suzuki@web-planners.r│
└─────────────────────┘

パスワード:
┌─────────────────────┐
│ ••••                 │
└─────────────────────┘

確認用パスワード:
┌─────────────────────┐
│ •••••                │
└─────────────────────┘

パスワードと確認用パスワードが一致していません

┌────┐
│送信│
└────┘
```

●HTMLファイルのソースコード

```html
<!DOCTYPE html>
<html>
  <head>
    <link rel="stylesheet" type="text/css" href="styles.css">
  </head>
  <body>
    <form id="myForm" onsubmit="return validateForm()">
      <label for="name">氏名:</label><br>
      <input type="text" id="name" name="name"><br>
      <p id="nameError" class="error-message"></p>
      <label for="email">メールアドレス:</label><br>
      <input type="text" id="email" name="email"><br>
      <p id="emailError" class="error-message"></p>
      <label for="password">パスワード:</label><br>
      <input type="password" id="password" name="password"><br>
      <p id="passwordError" class="error-message"></p>
      <label for="confirmPassword">確認用パスワード:</label><br>
      <input type="password" id="confirmPassword" name="confirmPassword"><br>
      <p id="confirmPasswordError" class="error-message"></p>
      <input type="submit" value="送信">
```

▼

```
    </form>
  <script src="scripts.js"></script>
  </body>
</html>
```

◉CSSファイルのソースコード

```
.error-message {
  color: red;
}
```

◉JavaScriptファイルのソースコード

```
function validateForm() {
  var name = document.getElementById('name').value;
  var email = document.getElementById('email').value;
  var password = document.getElementById('password').value;
  var confirmPassword = document.getElementById('confirmPassword').value;
  var isValid = true;

  document.getElementById('nameError').textContent = '';
  document.getElementById('emailError').textContent = '';
  document.getElementById('passwordError').textContent = '';
  document.getElementById('confirmPasswordError').textContent = '';

  if (!name) {
    document.getElementById('nameError').textContent =
      '氏名の記入は必須です';
    isValid = false;
  }
  if (!email) {
    document.getElementById('emailError').textContent =
      'メールアドレスの記入は必須です';
    isValid = false;
  }
  if (!password) {
    document.getElementById('passwordError').textContent =
      'パスワードの記入は必須です';
    isValid = false;
  }
```

```
if (password !== confirmPassword) {
  document.getElementById('confirmPasswordError').textContent =
    'パスワードと確認用パスワードが一致していません';
  isValid = false;
}

return isValid;
}
```

2-2-10 ◆ データの並び替え

　表の見出しをクリックするとデータを昇順、降順などに並び替えられるように することができます。

●データの並び替えの例

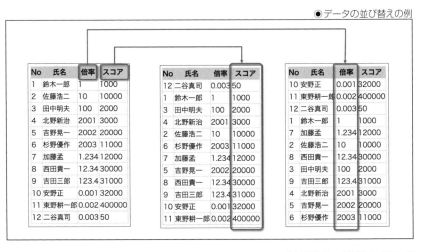

●HTMLファイルのソースコード

```
<!DOCTYPE html>
<html lang="ja">
  <head>
    <meta charset="UTF-8">
      <link rel="stylesheet" href="sample.css">
      <script type="text/javascript" src="sample.js"></script>
  </head>
  <body>
    <table id="sort_table">
      <tr>
```

```
      <th>No</th>
      <th>氏名</th>
      <th>倍率</th>
      <th>スコア</th>
    </tr>
    <tr>
      <td>1</td>
      <td>鈴木一郎</td>
      <td>1</td>
      <td>1000</td>
    </tr>
    <tr>
      <td>2</td>
      <td>佐藤浩二</td>
      <td>10</td>
      <td>10000</td>
    </tr>
    <tr>
      <td>3</td>
      <td>田中明夫</td>
      <td>100</td>
      <td>2000</td>
    </tr>
    <tr>
      <td>4</td>
      <td>北野新治</td>
      <td>2001</td>
      <td>3000</td>
    </tr>
    <tr>
      <td>5</td>
      <td>吉野晃一</td>
      <td>2002</td>
      <td>20000</td>
    </tr>
    <tr>
      <td>6</td>
      <td>杉野優作</td>
      <td>2003</td>
      <td>11000</td>
    </tr>
    </tr>
```

第8章
プログラミング

▼

```
    <tr>
      <td>7</td>
      <td>加藤孟</td>
      <td>1.234</td>
      <td>12000</td>
    </tr>
    <tr>
      <td>8</td>
      <td>西田貴一</td>
      <td>12.34</td>
      <td>30000</td>
    </tr>
    <tr>
      <td>9</td>
      <td>吉田三郎</td>
      <td>123.4</td>
      <td>31000</td>
    </tr>
    <tr>
      <td>10</td>
      <td>安野正</td>
      <td>0.001</td>
      <td>32000</td>
    </tr>
    <tr>
      <td>11</td>
      <td>東野耕一郎</td>
      <td>0.002</td>
      <td>400000</td>
    </tr>
    <tr>
      <td>12</td>
      <td>二谷真司</td>
      <td>0.003</td>
      <td>50</td>
    </tr>
  </table>
  <script>
  </script>
  </body>
</html>
```

```css
#sort_table {
  border-collapse:collapse;
}

#sort_table td {
  border:1px solid lightgray;
}

#sort_table th {
  cursor:pointer;
  background-color:lightgray;
}
```

```javascript
window.addEventListener('load', function () {
  let column_no = 0;
  let column_no_prev = 0;
  document.querySelectorAll('#sort_table th').forEach(elm => {
    elm.onclick = function () {
      column_no = this.cellIndex;
      let table = this.parentNode.parentNode.parentNode;
      let sortType = 0;
      let sortArray = new Array;
      for (let r = 1; r < table.rows.length; r++) {
        let column = new Object;
        column.row = table.rows[r];
        column.value = table.rows[r].cells[column_no].textContent;
        sortArray.push(column);
        if (isNaN(Number(column.value))) {
          sortType = 1;
        }
      }
      if (sortType == 0) {
        if (column_no_prev == column_no) {
          sortArray.sort(compareNumberDesc);
        } else {
          sortArray.sort(compareNumber);
        }
      } else {
```

第8章
プログラミング

```
      if (column_no_prev == column_no) {
        sortArray.sort(compareStringDesc);
      } else {
        sortArray.sort(compareString);
      }
    }
    let tbody = this.parentNode.parentNode;
    for (let i = 0; i < sortArray.length; i++) {
      tbody.appendChild(sortArray[i].row);
    }
    if (column_no_prev == column_no) {
      column_no_prev = -1;
    } else {
      column_no_prev = column_no;
    }
  };
  });
});

function compareNumber(a, b) {
  return a.value - b.value;
}

function compareNumberDesc(a, b) {
  return b.value - a.value;
}

function compareString(a, b) {
  if (a.value < b.value) {
    return -1;
  } else {
    return 1;
  }
  return 0;
}

function compareStringDesc(a, b) {
  if (a.value > b.value) {
    return -1;
  } else {
    return 1;
```

```
    }
    return 0;
}
```

2-2-11 ◆ 地図表示

　ウェブページ上にGoogleマップなどの地図を表示することができます。

　JavaScriptでサーバーにデータのリクエスト（要求）を送信し、サーバーからのレスポンス（応答）を受け取ってウェブページに反映することができます。この技術によりGoogleマップが埋め込まれているページでユーザーがマウスで地図を動かすと新しい範囲の地図が表示されます。このことはAjaxという技術を利用することで実現されています。

　Ajax（エイジャックス）とは、Asynchronous JavaScript And XMLの略で、ウェブページを表示した状態のまま、別ページへの移動や再読み込みなどをせずにサーバー側と通信を行い、動的に表示内容を変更する手法のことをいいます。Ajaxはページ上でプログラムを実行できるJavaScriptの拡張機能を用いています。

　従来、ウェブページの内容にサーバーから受信したデータを反映させるには、別のページを読み込んで新たに表示させるか、同じページを再読み込みしてサーバーからページごと受信し直す必要がありました。しかし、Ajaxを使うとそうしたことをせずに、ウェブページ内の一部の情報をサーバーと通信して書き換えることが可能になります。

第8章
プログラミング

```
<!DOCTYPE html>
<html lang="ja">
  <head>
    <meta charset="UTF-8">
  </head>
  <body>
    <h3 class="tt_style01 mt00">Access map<br><span>アクセスマップ</span></h3>

    <div class="googlemap"> <iframe src="https://www.google.com/maps/embed?pb=!
1m18!1m12!1m3!1d3271.921291330481!2d135.05995631523783!3d34.90842468038165!2m3!
1f0!2f0!3f0!3m2!1i1024!2i768!4f13.1!3m3!1m2!1s0x600076d91bdceeff%3A0x65c016f658
7ca652!2z44CSNjczLTEzMTEg5YW15bqr55yM5Yqg5p2x5biC5aSp56We77yT77yU77yR!5e0!3m2!1
sja!2sjp!4v1451839894315"
      width="100%" height="450" frameborder="0" style="border:0"
allowfullscreen></iframe> </div>

  </body>
</html>
```

2-2-12 ◆ アクセス解析

　Googleアナリティクスなどのアクセス解析のソースコードをHTMLファイル
に記述すると、ウェブサイトにアクセスしたユーザーがいつ、どのページを、
何秒間見て、どのリンクをクリックしたかなどの情報を取得して、サーバー上
のデータベースに記録することができます。それによりサイトのアクセス状況
がサーバーサイドプログラムを使うことによりグラフや表として見ることができ
ます。

●アクセス解析

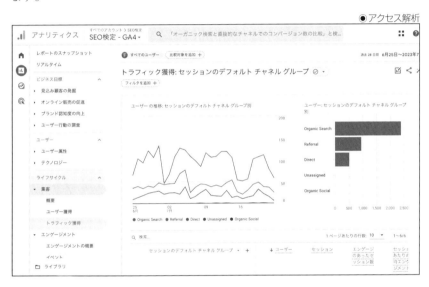

2-2-13 ◆ グラフ表示

　データに連動したグラフを表示することが可能です。

●グラフ表示の例

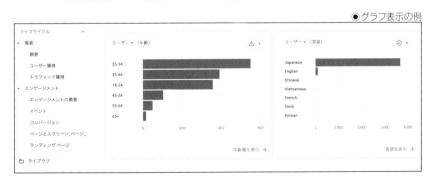

2-2-14 ◆ 自動計算

　ユーザーが商品・サービスの見積もりをサイト上で見られるように費用の自動計算をすることができます。

◉ 自動計算の例

2-2-15 ◆ セルフチェック

　自己診断ツールなどのセルフチェックを作成できます。

◉ セルフチェックの例

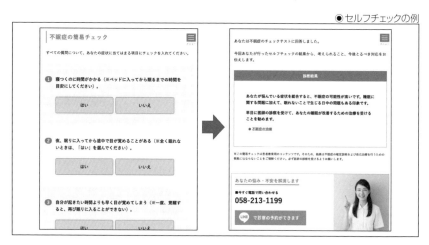

2-2-16 ◆ ゲーム

単純なゲームだけでなく、ブロック崩し、シューティングゲーム、ボードゲーム、アクションゲーム、シミュレーションゲーム、RPGなどの複雑なゲームを作成することができます。

2-3 ◆ JavaScriptの使用方法

JavaScriptを使用するには次の3つの方法があります。
- HTMLファイル内の要素の属性として記述する
- HTMLファイル内にscript要素としてまとめて記述する
- 外部ファイルに記述する

2-3-1 ◆ HTMLファイル内の要素の属性として記述する

JavaScriptをHTMLファイル内にあるHTMLの要素に属性として記述することができます。しかし、このやり方を多用するとHTMLファイル内のどこにJavaScriptを記述したかを思い出すのが難しくなり、後々管理をすることが難しくなってしまいます。

●JavaScriptをHTMLファイル内の要素の属性として記述した例

```
<a onclick="(ここにJavaScriptを記述する"></a>)
```

2-3-2 ◆ HTMLファイル内にscript要素としてまとめて記述する

JavaScriptをHTMLファイル内にまとめて記述すると、上記の「HTMLファイル内の要素の属性として記述する」よりも管理がしやすくなります。

●HTMLファイル内にscript要素としてまとめて記述した例

```
<!DOCTYPE html>
<html lang="ja">
  <head>
    <meta charset="utf-8">
    <title>タイトル</title>
    <script>
      var img = new Array();
```

▼

```
    img[0] = new Image(303,111);
    img[1] = new Image(303,111);
    img[0].src = "sample_out.png";
    img[1].src = "sample_over.png";

    function changeImg(num) {
        document.getElementById("image").src = img[num].src;
    }
  </script>
 </head>
 <body>
  <img id="image" src="img_0.jpg" width="303" height="111"
    onmouseover="changeImg(0)" onmouseout="changeImg(1)">
 </body>
</html>
```

2-3-3 ◆ 外部ファイルに記述する

　最も普及している方法が、JavaScript専用のファイルを作成して、HTML
ファイル内から参照する方法です。別ファイル化することにより後々管理がし
やすくなります。ただし、スクリプトの内容によってはHTMLファイル内での読
み込みが必要な場合があります。

　JavaScript専用のファイルは通常のテキストファイルの拡張子を「.js」に
して作成します。

●外部ファイル化されたJavaScript専用ファイルの例（sample.js）

```
var img = new Array();
img[0] = new Image(303,111);
img[1] = new Image(303,111);
img[0].src = "sample_out.png";
img[1].src = "sample_over.png";

function changeImg(num) {
    document.getElementById("image").src = img[num].src;
}
```

　そしてそのファイルをHTMLファイル内に次のように記述します。

```
<script type="text/javascript" src="sample.js"></script>
```

なお、HTMLファイルのソースコードは次のようになります。

●HTMLファイル内のソースコード

```
<!DOCTYPE html>
<html lang="ja">
  <head>
    <meta charset="utf-8"/>
    <title>タイトル</title>
    <script type="text/javascript" src="sample.js"></script>
  </head>
  <body>
    <img id="image" src="img_0.jpg" width="303" height="111"
      onmouseover="changeImg(0)" onmouseout="changeImg(1)">
  </body>
</html>
```

JavaScriptファイルはHTMLファイルやCSSファイルと同様に、メモ帳やテキストエディタでテキストファイルを作成し、そこにJavaScriptのソースコードを記述し、ファイルの拡張子を「.js」として保存することにより作成します。

●保存されたJavaScriptファイルの例

roll.js

JavaScriptを使うとさまざまなプログラムを作成することができます。しかし、クライアント側のパソコン内で実行されるJavaScriptは軽めの計算処理を行うクライアントサイドのプログラムです。

データベースと連動するものや、たくさんの計算処理を必要とするほとんどのウェブサイトで使われるプログラムはサーバー側に設置され実行される「サーバーサイドプログラム」を使用します。

第8章
プログラミング

3 サーバーサイドプログラム

サーバーサイドプログラムには、『ウェブマスター検定 公式テキスト 4級』で解説したようにJava（ジャバ）、Perl（パール）、PHP（ピーエイチピー）、Ruby（ルビー）、Python（パイソン）、Node.js（ノードジェイエス）、Swift（スウィフト）、C#（シーシャープ）などがあります。

国内では、企業の基幹システムや、金融システム、物流システムなどの大規模なシステム、巨大なウェブサイトの多くにJavaが使われています。一方、中小規模のウェブサイトやサービスではPHPがよく使われています。

JavaはJavaScriptと名前が似ていますが、まったく別のものです。Javaはプログラミングをした後にプログラマーがソースコードをコンパイルしてサーバーのCPUが読むマシン語に変換します。それによりプログラムがサーバー上で実行される速度が高速になります。

CPUとは「Central Processing Unit（セントラルプロセッシングユニット）」のことで、日本語では「中央処理装置」や「中央演算処理装置」と訳されています。データ処理や他の部品の動きを管理しているパソコンの頭脳の役割をする重要な部品です。

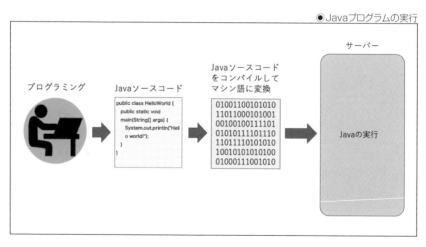

●Javaプログラムの実行

サーバー

プログラミング　　Javaソースコード

Javaソースコード
をコンパイルして
マシン語に変換

```
public class HelloWorld {
    public static void
    main(String[] args) {
        System.out.println("Hell
        o world!");
    }
}
```

```
01001100101010
11011000101001
00100100111101
01010111101110
11011110101010
10010101010100
01000111001010
```

Javaの実行

コンパイルとは、プログラミング言語のソースコードを、コンピュータが実行するためのマシン語に変換することを指します。プログラマーが書いたソースコードは人間が読むことができる形式ですが、コンピュータはこのままでは理解できません。そのため、コンパイラがソースコードをコンピュータが理解できるマシン語に変換する必要があります。

一方、PHPではプログラミングをした後にプログラマーはソースコードをコンパイルしません。そのため、サーバーにあるインタプリターと呼ばれるソフトがPHPのソースコードを解釈し、動的に実行するという手間がかかります。このため、PHPはJavaと比較して実行速度が遅くなります。

●PHPプログラムの実行

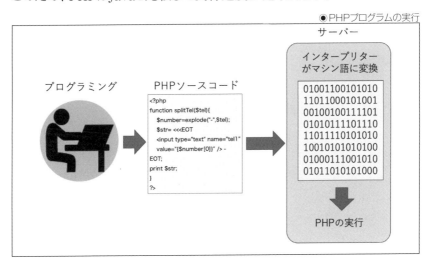

大規模なシステムに比べれば高速性がそこまで求められないため、国内では中小規模のウェブサイトやサービスのシステム構築にはPHPがよく使われています。

この章では、ウェブ制作業界での普及率が高く、学習がしやすいPHPを例にとってサーバーサイドプログラムの仕組みを解説します。

3-1 ◆ PHPとは

　PHP（ピーエイチピー）はサーバーサイドプログラミングの中でも特に普及しているものです。名称は開発者のラスマス・ラードフが個人的に開発していたPersonal Home Page Tools（短縮されてPHP Toolsと呼ばれていた）に由来し、現在では「PHP: Hypertext Preprocessor」を意味するとされています。

　ウェブアプリケーションやウェブサイトなどのウェブ系の開発に特化した開発言語で、ファイルの拡張子は「.php」です。

　PHPはシンプルな構文で、プログラミング初心者でも比較的容易に習得することができます。普及率が高いため多くの情報がインターネット上にあり、学習コストも低い言語です。

3-2 ◆ PHPの仕組み

　PHPはHTMLファイルやCSSファイル、JavaScriptファイルと同様にテキストファイルにソースコードを記述することによって作られます。HTMLファイル内にPHPのソースコードを直接書き込むこともできます。

　「<?」がPHP部分の始まりを示し、「?>」が終わりを示します。

◉HTMLファイル内にPHPのソースコードを書き込んだ例

```
<!DOCTYPE html>
<html lang="ja">
  <head>
    <meta charset="utf-8">
    <title>sample</title>
  </head>
  <body>
    <?php
      echo "Hello world!";
    ?>
  </body>
</html>
```

しかし、多くの場合、「.php」という拡張子を付けたPHP専用のファイルが使われます。

```php
<?php
function splitTel($tel){
  $number=explode("-",$tel);
  $str= <<<EOT
  <input type="text" name="tel1" value="{$number[0]}" /> -EOT;
print $str;
}
?>
```

プログラマーがPHPのソースコードを記述し、「.php」という拡張子で保存することでPHPファイルが完成します。そしてそのPHPファイルをウェブサーバーにFTPクライアントソフトで転送します。

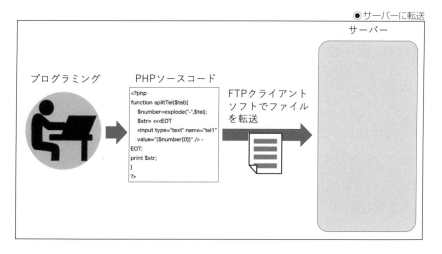

●サーバーに転送

ウェブページを見ようとするユーザーがブラウザ上で、そのファイルのURLを入力します。それはユーザーがPHPの実行をウェブサーバーにリクエストするということです。リクエストを受けたウェブサーバーはソースコードの内容に問題がなければそのプログラムを実行します。そして表示用データを作成してユーザーにデータを返します。

ユーザーのブラウザに返されたデータはプログラマーが意図したウェブ
ページをレンダリング（描画）してユーザーがウェブページを見られる状態に
なります。

　これが、PHPの簡単な仕組みです。

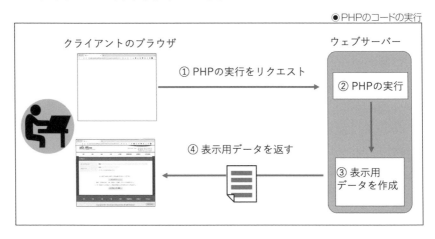

●PHPのコードの実行

3-3 ◆ データベースとは

　しかし、多くのPHPファイルはこのように単純なものではなく、「データベー
ス」という別の要素を使っています。理由は、PHPファイル内にはデータを書
き込まないからです。データは時間とともに増えていき、かつ複雑化するも
のです。大量で複雑なデータは専用のソフトウェアに蓄積するのが現実的
です。

　そこで利用されるのがデータベースです。

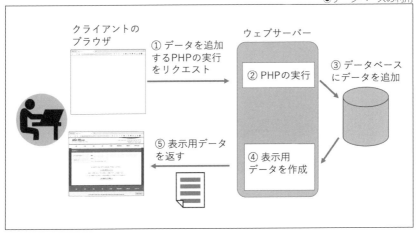

PHPなどのサーバーサイドプログラムと連携して使用されるデータベース
には、MySQL（マイエスキューエル）、PostgreSQL（ポストグレスキューエ
ル）、SQLite（エスキューライト）、Oracle Database（オラクルデータベース）
などがあります。

　ここではPHPと一緒に使われることが多いMySQLを用いてデータベー
スの仕組みを解説します。

3-4 ◆ データベースの仕組み

　PHPなどのサーバーサイドプログラムはリレーショナルデータベースを使い
ます。リレーショナルデータベースとは、複数の表形式のデータを関連付け
て使えるようにしたデータベースのことです。1つのデータベースファイル内に
いくつものテーブル（表）を追加できるため大規模なデータベースを構築する
ことができます。

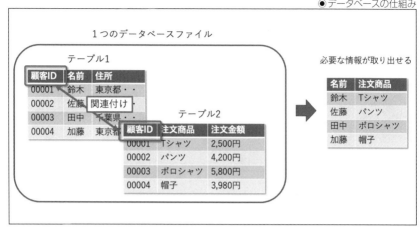

テーブルにある横の行を「レコード」と呼び、縦の列を「フィールド」と呼び
ます。

●レコードとフィールド

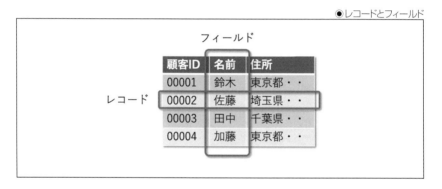

テーブルは「phpMyAdmin」というデータベース管理画面で作成します。

●phpMyAdmin

第8章
プログラミング

3-5 ◆ PHPがデータベースを操作する仕組み

PHPでデータベースを操作するときには最初にデータベースにアクセスするための接続を行います。

```
$pdo = new PDO(
    'mysql:dbname=データベース名;host=ホスト名;',
    'ユーザー名',
    'パスワード'
);
$pdo->query('SET NAMES utf8;');
```

PDOとは、PHP Data Objectsの略で、PHPからデータベースにアクセスをさせてもらうための手続きのことです。ここではセキュリティのためにデータベースのユーザー名、パスワードなどを記述します。

次に、テーブル内のどのデータをどのように操作したいのかを記述します。

●テーブルの操作

```
$stmt = $pdo->prepare(
    'SELECT * FROM user WHERE mail_address = :mail_address LIMIT 1'
);
$stmt->bindValue(':mail_address', $mail_address, PDO::PARAM_STR);
```

「SELECT」とはデータベースからデータを抽出する際、「検索」を行うためのクエリです。クエリとは英語で「問い合わせ」という意味で、データベースの世界では「命令文」と呼ばれるSQL文のことです。SQLとはデータベースを操作するための言語のことです。

「$stmt」の「stmt」はstatementの略で、日本語で「文」を意味します。

そしてSQL文を実行します。「execute」とは英語で「実行する」という意味です。

●SQL文の実行

```
$stmt->execute();
```

実行した結果を取得します。

```
$user = $stmt->fetch();
```

「fetch」（フェッチ）とは、英語で、「取りに行く」「取ってくる」「呼び出す」「引き出す」などを意味する単語です。ITの分野では機器やプログラムなどが特定の場所からデータなどを読み出す動作のことを指します。

最後にデータベースへの接続を切断し、操作を終了します。

●データベースへの接続を切断

```
unset($pdo);
```

「unset」とは英語で「解除する」という意味で、プログラミングにおいては「設定を解除する」という意味です。PDOはデータベース接続をするときの手続きなので、「データベース接続を解除せよ」という意味です。

MySQLで作成したデータベース内のデータを操作するためのSQL文には次の4種類があります。

●SQL文の種類

SQL文	説明
SELECT	データベース内のデータを検索して取得するための文
INSERT	データベース内に新しいレコードを追加するための文
UPDATE	データベース内の既存のレコードを更新するための文
DELETE	データベース内の既存のレコードを削除するための文

サイト訪問者がサイト上でフォームや買い物かご、予約システムなどを操作する度に、PHPは接続するデータベースのテーブルにこれら4つの何かを命令し、データが取得、追加、更新、または削除されます。

3-6 ◆ PHPなどのサーバーサイドプログラムで作られる
システムの種類

このようにPHPは多くの場合、データベースに接続し、サイト訪問者が望むデータを処理し、望むページを作成しユーザーが閲覧できるようにすることで便利なサービスを提供しています。

PHPなどのサーバーサイドプログラムで作られるシステムの種類には次のようなものがあります。

- お問い合わせフォーム
- CMS（Content Management System：コンテンツマネジメントシステム）
- 検索機能
- 表にあるデータの表示切り替え
- 買い物かご（ショッピングカート）
- 予約システム
- 会員登録システム
- オークションシステム
- アクセス解析ログ
- スマートフォンアプリ

 ライブラリとフレームワーク

これらの便利なシステムを作る度にゼロからソースコードをタイピングしてプログラミングすると膨大な時間がかかるため多くのプログラマーが「ライブラリ」や「フレームワーク」という便利なツールを使っています。

4-1 ◆ PHPライブラリ

PHPライブラリとは、PHPのコーディングにおいて使用頻度の高い便利機能をまとめたプログラムのことです。PHPライブラリをそのまま、あるいは一部カスタマイズすることによりゼロからプログラミングをする手間を省くことができます。

●代表的なPHPライブラリの例

ライブラリ	説明
PHPMailer	メール送信のライブラリ
pChart	グラフを描くライブラリ
Respect/Validation	ユーザーに入力された値がこちらの意図したものかチェックするバリデーション処理を行うためのライブラリ
Upload	ファイルのアップロードをするためのライブラリ
class.upload.php	画像をアップロードするためのライブラリ
Sentinel	ユーザー認証プログラムのライブラリ
Faker	システム開発時に必要な、ユーザー情報などのダミーデータを生成してくれるライブラリ
Ratchet	チャットのライブラリ

4-2 ◆ フレームワーク

PHPフレームワークとは、PHPを用いた開発が簡単にできるよう、あらかじめ共通するソースコードに機能性を加えて形成された枠組みのことです。フレームワークを使用することで、プログラムの記述量を大幅に削減し、作業時間を短縮することが可能です。フレームワークにはあらかじめある程度セキュリティも考慮されたプログラムが含まれているため、経験が浅いエンジニアでもセキュリティが担保されたプログラムを作成することができます。

また、エンジニアが交代しても、他のエンジニアもフレームワークを使ったことがある場合、プログラムの内容を理解しやすいため保守性も高くなります。

人気のあるPHPフレームワークとしては次のようなものがあります：

- Laravel
- CakePHP
- Symfony
- CodeIgniter

- FuelPHP
- Slim
- ZendFramework
- Yii
- Phalcon

　以上が、集客力のあるウェブサイトを作るために必要なウェブサイト制作の流れの10のステップです。
　【STEP 1】サイトゴールの設定
　【STEP 2】市場分析
　【STEP 3】ターゲットユーザーの設定
　【STEP 4】ペルソナの作成
　【STEP 5】サイトマップの作成
　【STEP 6】ワイヤーフレームの作成
　【STEP 7】デザインカンプの作成
　【STEP 8】コンテンツの作成
　【STEP 9】HTMLとCSSのコーディング
　【STEP 10】プログラミング

　本書を最後まで読んでくれたあなたには次の4つのセンスが身に付いたはずです。
- ウェブを使ったビジネスのセンス
- ウェブデザインのセンス
- ウェブ上でのコミュニケーションのセンス
- ウェブ技術のセンス

　それにより集客力のあるウェブサイトを作るためにはどのような選択肢があるのかを知り、1つひとつの決断をする力が付いたはずです。
　これから自社サイトの制作を発注しようとする人は、そのセンスを存分に発揮してサイト制作の外注指示が出せるはずです。

クライアントのサイトを制作するウェブ制作に関わる人は、他のスタッフがどのような仕事をしているのかがわかり、プロジェクト成功のためには自分がどのようなことをすべきか、他のスタッフとどのように接したらよいかが見えてきたはずです。

　これからも、これまで以上にウェブの技術は発達することでしょう。しかし、これら4つのセンスをバランスよく持つことを続ける限りウェブサイトを活用したビジネスを成功に導く力を持ち続けられるはずです。

　次のステップである『ウェブマスター検定　公式テキスト 2級』では、ウェブサイトをオープンした後にさらに多くの人たちにサイトを訪問してもらうための集客方法である「ウェブマーケティング」の実施方法を詳しく解説します。ウェブ集客を成功させるためにはサイトを作った後の集客活動である「ウェブマーケティング」が重要です。

　それではまた、『ウェブマスター検定　公式テキスト 2級』でお会いしましょう!

参考文献

Branding（アメリカ・マーケティング協会）〔https://www.ama.org/topics/branding/〕

国内のアウトドア用品業界の市場規模（業界動向サーチ）

Color Hunt〔https://colorhunt.co/〕

Learning Web Design: A Beginner's Guide to HTML, CSS, JavaScript, and Web Graphics
5th Edition（Jennifer Robbins）（O'Reilly Media）

PHP & MySQL: Server-side Web Development（Jon Duckett）（Wiley）

JavaScript: The Definitive Guide: Master the World's Most-Used Programming Language
7th Edition（David Flanagan）（O'Reilly Media）

HTML and CSS: Design and Build Websites（Jon Duckett）（John Wiley & Sons）

HTML and CSS: The Comprehensive Guide（Jürgen Wolf）（Rheinwerk Computing）

HTML, CSS & JavaScript in easy steps Special Edition（Mike McGrath）（In Easy Steps Limited）

Colour for Web Design: Apply Colour Confidently and Create Successful Websites
（Cameron Chapman）（Ilex Press）

Why Fonts Matter（Sarah Hyndman）（Gingko Press）

Information Architecture: For the Web and Beyond 4th Edition（Louis Rosenfeld、
Peter Morville、Jorge Arango）（O'Reilly Media）

How to Make Sense of Any Mess: Information Architecture for Everybody（Abby Covert）
（CreateSpace Independent Publishing Platform）

eCommerce Marketing: How to Get Traffic That BUYS to your Website（Chloe Thomas）（Kernu）

The Digital Marketing Handbook: A Step-By-Step Guide to Creating Websites That Sell
（Robert W. Bly）（Entrepreneur Press）

Web Programming and Internet Technologies: An E-Commerce Approach 2nd Edition,
Kindle Edition（Porter Scobey, Pawan Lingras）（Jones & Bartlett Learning）

Pervasive Information Architecture: Designing Cross-Channel User Experiences
（Andrea Resmini、Luca Rosati）（Morgan Kaufmann）

索引

■編者紹介

一般社団法人全日本SEO協会

2008年SEOの知識の普及とSEOコンサルタントを養成する目的で設立。会員数は600社を超え、認定SEOコンサルタント270名超を養成。東京、大阪、名古屋、福岡など、全国各地でSEOセミナーを開催。さらにSEOの知識を広めるために「SEO for everyone! SEO技術を一人ひとりの手に」という新しいスローガンを立てSEOの検定資格制度を2017年3月から開始。同年に特定非営利活動法人全国検定振興機構に加盟。

●テキスト編集委員会

【監修】古川利博／東京理科大学工学部情報工学科　教授

【執筆】鈴木将司／一般社団法人全日本SEO協会　代表理事

【特許・人工知能研究】郡司武／一般社団法人全日本SEO協会　特別研究員

【モバイル・システム研究】中村義和／アロマネット株式会社　代表取締役社長

【構造化データ研究】大谷将大／一般社団法人全日本SEO協会　特別研究員

【システム開発研究】和栗実／エムディーピー株式会社　代表取締役

【DXブランディング研究】春山瑞恵／DXブランディングデザイナー

【法務研究】吉田泰郎／吉田泰郎法律事務所　弁護士

編集担当：吉成明久 / カバーデザイン：秋田勘助（オフィス・エドモント）

ウェブマスター検定 公式テキスト 3級 2024・2025年版

2023年9月1日　　初版発行

編　者　　一般社団法人全日本SEO協会
発行者　　池田武人
発行所　　株式会社 シーアンドアール研究所
　　　　　新潟県新潟市北区西名目所4083-6（〒950-3122）
　　　　　電話　025-259-4293　FAX　025-258-2801
印刷所　　株式会社 ルナテック

ISBN978-4-86354-423-9 C3055
©All Japan SEO Association, 2023　　　　　　　　　Printed in Japan